"十二五"职业教育国家规划立项教材

制冷电气控制基础与技能

主编 邓锦军
参编 蒋文胜 刘 海
主审 曾 波

机械工业出版社
CHINA MACHINE PRESS

本书是"十二五"职业教育国家规划立项教材，是根据教育部公布的《职业院校制冷和空调设备运行与维修专业教学标准》，同时参考制冷工职业资格标准编写的。全书分为 4 个教学单元，主要内容包括电冰箱电气控制基础与技能、房间空调器电气控制基础与技能、小型冷库电气控制基础与技能、户式中央空调电气控制基础与技能，涵盖了制冷电气控制基础知识、制冷电气控制系统维修及安装调试技能等教学内容。

本书可作为职业院校制冷和空调设备运行与维修专业教材，也可作为制冷工岗位培训教材。

为便于教学，本书配套有教学资源，选择本书作为教材的教师可来电（010-88379193）索取，或登录 www.cmpedu.com 网站，注册、免费下载。

图书在版编目（CIP）数据

制冷电气控制基础与技能/邓锦军主编. —北京：机械工业出版社，2017.6（2024.8 重印）

"十二五"职业教育国家规划立项教材

ISBN 978-7-111-56988-6

Ⅰ.①制… Ⅱ.①邓… Ⅲ.①制冷装置-自动控制系统-中等专业学校-教材 Ⅳ.①TB657

中国版本图书馆 CIP 数据核字（2017）第 126016 号

机械工业出版社（北京市百万庄大街 22 号　邮政编码 100037）
策划编辑：汪光灿　责任编辑：汪光灿　韩　静
责任校对：张　力　封面设计：张　静
责任印制：郜　敏
北京富资园科技发展有限公司印刷
2024 年 8 月第 1 版第 7 次印刷
184mm×260mm·7.75 印张·2 插页·186 千字
标准书号：ISBN 978-7-111-56988-6
定价：35.00 元

电话服务　　　　　　　　　　网络服务
客服电话：010-88361066　　　机　工　官　网：www.cmpbook.com
　　　　　010-88379833　　　机　工　官　博：weibo.com/cmp1952
　　　　　010-68326294　　　金　书　网：www.golden-book.com
封底无防伪标均为盗版　　　机工教育服务网：www.cmpedu.com

前　言

本书是由全国机械职业教育教学指导委员会和机械工业出版社联合组织编写的"十二五"职业教育国家规划立项教材,是根据教育部公布的《职业院校制冷和空调设备运行与维修专业教学标准》,同时参考制冷工职业资格标准编写的。

本书主要内容包括电冰箱电气控制基础与技能、房间空调器电气控制基础与技能、小型冷库电气控制基础与技能、户式中央空调电气控制基础与技能,涵盖了制冷电气控制基础知识、制冷电气控制系统维修及安装调试技能等教学内容。

本书重点强调培养专业技能和实际应用能力,编写过程中力求体现以下特色。

1. 执行新标准

本书依据最新教学标准和课程大纲要求,对接职业标准和岗位需求,具有较强的针对性和实用性;同时结合现代冷库的发展趋势,引入本领域成熟的新技术、新工艺和新设备,具有先进性和科学性。

2. 体现新模式

本书采用理实一体化的编写模式,突出"做中教,做中学"的职业教育特色,把相关理论知识及方法的学习和工作实践这两个环节与过程有机结合在一起,突出专业技能、职业能力的培养。

3. 还原实际情境

本书以典型的学习性工作任务为课题任务,以具体的工作过程为课题内容,以实际的工作环境为课题背景,根据制冷和空调设备运行与维修专业岗位需求,以核心职业能力为中心,以典型的学习性工作任务为课题,还原实际工作的情境,使学习性工作过程完整、真实,安全与质量并重。

根据各校的不同情况,本书教学参考学时为 68~78 学时。为了方便读者学习,在每单元之后配有习题练习,并附有参考答案。

全书共 4 个教学单元,由广西机电技师学院邓锦军主编,柳州职业技术学院蒋文胜、南昌汽车机电学校刘海参编。具体分工如下:广西机电技师学院邓锦军编写了第一单元、第二单元、第三单元课题一至课题二及全书各单元对应的习题练习参考答案;南昌汽车机电学校刘海编写第四单元;柳州职业技术学院蒋文胜编写第三单元课题三。全书由邓锦军修改和统稿。

本书由广东省轻工职业技术学校曾波主审,他对书稿提出了许多宝贵意见。本书经全国职业教育教材审定委员会审定,评审专家对本书提出了宝贵的建议,在此对他们表示衷心的感谢!编写过程中,编者参阅了国内出版的有关教材和资料,在此一并表示衷心感谢!

由于编者水平有限,书中不妥之处在所难免,恳请读者批评指正。

编　者

目　录

第一单元

电冰箱电气控制基础与技能

内容框架

电冰箱电气控制基础与技能
- 机械温控直冷电冰箱控制电路的检修
  - 电冰箱电动机常用起动电路的接线方式
  - 判断电冰箱电动机压缩机接线端子
  - 机械温控直冷电冰箱控制电路的分析及检修
  - 电冰箱制冷压缩机电动机的检修
- 机械温控风冷电冰箱控制电路的检修
  - 机械温控风冷电冰箱的特点
  - 除霜定时器、除霜温度控制器及温度熔断器的作用
  - 机械温控风冷电冰箱控制电路的分析及检修
- 微处理器温控电冰箱电路板的检修
  - 电冰箱微处理器控制电路的主要构成
  - 电冰箱微处理器控制主要分立电路的种类与功能
  - 微处理器温控电冰箱控制电路板的分析

学习引导

目的与要求

1. 知道家用电冰箱控制系统的分类，能指出电冰箱电动机常用起动电路的接线方式，能指出判断电冰箱电动机压缩机接线端子的方法。

2. 能按要求完成机械温控直冷电冰箱控制电路的分析及检修，能按要求完成电冰箱制冷压缩机电动机的检修。

3. 知道机械温控风冷电冰箱的特点，能指出除霜定时器、除霜温度控制器及温度熔断器的作用。

4. 能按要求完成机械温控风冷电冰箱控制电路的分析及检修。

5. 知道电冰箱微处理器控制电路的主要构成，能指出电冰箱微处理器控制主要分立电路的种类与功能。

6. 能按要求完成微处理器温控电冰箱控制电路板的分析。

重点与难点

重点：机械温控直冷电冰箱控制电路的检修，机械温控风冷电冰箱控制电路的检修，微处理器温控电冰箱控制电路板的分析。

难点：机械温控直冷电冰箱控制电路的分析，机械温控风冷电冰箱控制电路的分析，微处理器温控电冰箱控制电路板的分析。

课题一　机械温控直冷电冰箱控制电路的检修

相关知识

一、家用电冰箱控制系统的分类

制冷方式不同，家用电冰箱控制系统也相应改变，根据制冷方式可分为直冷控制、风冷控制、风直冷控制。根据控制方法可分为机械温控和微处理器控制。机械温控方式是电冰箱的传统典型控制方式，至今仍有大量的产品在应用；微处理器控制一方面替代传统机械温控的基本功能，另外实现了电冰箱的各种附加功能的扩展和提高。

机械温控指的是用压力式机械温控器进行电冰箱温度控制，具有控制简单可靠、成本低等优点，市场上大多数的电冰箱仍采用机械温控器对电冰箱进行控制。

二、家用电冰箱压缩机电动机的电压与功率

目前，家用电冰箱的压缩机电动机均采用单相笼型异步电动机，供电电压一般为 220(1 ±10%)V，即运行在 198~242V 之间，从 1/10Hp~1/5Hp 大致对应的功率见表 1-1。

表 1-1　家用电冰箱压缩机电动机大致对应的功率

Hp	1/10	1/9	1/8	1/7	1/6	1/5
W	75	82	93	105	125	150

三、电冰箱电动机常用的起动电路

根据起动方式的不同，单相电动机起动电路可以分为阻抗分相起动型电路、电容分相起动型电路、电容运转型电路、电容起动电容运转型电路。

家用电冰箱由于对电动机输出功率的要求不是很大，所以常采用阻抗分相起动型电路和电容分相起动型电路。

1. 阻抗分相起动型电路

阻抗分相起动型电路如图 1-1 所示。使用阻抗分相起动型电路的电动机输出功率较小，在 40~150W 之间，常用于小容量电冰箱。电动机在起动时起动转矩小，起动电流大。起动时，主绕组和起动绕组同时工作；起动后，当转速接近正常值（达到额定转速的 80%）时，起动继电器断开，起动绕组停止工作，只有主绕组工作。

2. 电容分相起动型电路

电容分相起动型电路如图 1-2 所示。使用电容分相起动型电路的电动机输出功率较大，在 40~300W 之间，常用于大容量家用电冰箱。电动机在起动时，起动转矩大，起动电流小。起

动后，当转速接近正常值时，起动继电器断开，起动绕组停止工作，只有主绕组工作。

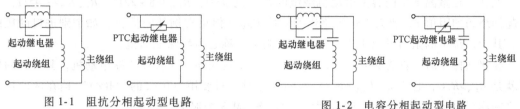

图 1-1　阻抗分相起动型电路　　　　　图 1-2　电容分相起动型电路

四、判断压缩机单相电动机接线端子的方法

1. 压缩机单相电动机的接线端子

测量接线端子是检测压缩机电动机好坏最基本的一步。压缩机电气检测一般是测量其电动机绕组的直流阻值。作为全封闭式压缩机，其接线端子也称接线柱，接线柱与壳体之间的绝缘层采用玻璃或陶瓷烧结而成。电冰箱压缩机接线柱一般为 3 个，如图 1-3 所示。

2. 压缩机单相电动机接线端子的测量

压缩机单相电动机接线端子通常为 3 个，上面可能分别标有 M（或 R）、S、C 字样，如图 1-4 所示。M（或 R）表示运行端子，S 表示起动端子，C 表示公共端子。

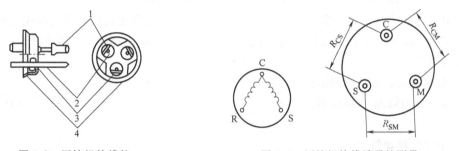

图 1-3　压缩机接线柱

1—接头　2—接线柱

3—玻璃或陶瓷绝缘层　4—外罩

图 1-4　压缩机接线端子的测量

3. 判断压缩机单相电动机接线端子的方法

由于压缩机单相电动机起动绕组线圈线径细、匝数多，所以直流电阻值大、功率小；而运行绕组（工作绕组）线圈的线径粗、匝数少，故直流电阻值小、功率大。测量压缩机单相电动机绕组时，用万用表"R×1"档把压缩机 3 个接线柱之间的直流阻值各测一遍，测得两个接线柱之间直流阻值最大时，所对应的另一个没有测量的接线柱为公共端子，然后以公共接线柱为主，分别测另外两个接线柱，直流电阻值小的为运行端子，直流电阻值大的为起动端子。

目前，国外压缩机一般都有标志，通常以 M（或 R）代表运行（工作）端，S 代表起动端，C 代表公共端。国产压缩机不一定有标志。

正常情况下，压缩机单相电动机 3 个接线端子之间的直流电阻值关系为：

总阻值 = 运行绕组阻值 + 起动绕组阻值；起动绕组阻值 > 运行绕组阻值

即

$R_{SM} = R_{CM} + R_{CS}$；$R_{CS} > R_{CM}$。

例如，在室温下不同容量电动机绕组的阻值范围为：$R_{CM} = 8 \sim 22\Omega$，$R_{CS} = 24 \sim 45\Omega$，可见起动绕组的阻值$R_{CS}$要大于运行绕组的阻值$R_{CM}$（但也有例外的情况，如个别进口的压缩机，其起动绕组的阻值反而小于运行绕组的阻值，称之为特殊电动机）。

在接线操作时，首先必须判别压缩电机的3个接线端，对普通压缩电动机，其判别的依据就是$R_{CS} > R_{CM}$，且$R_{SM} = R_{CM} + R_{CS}$。实际操作时，只要用万用表的"R×1"档在两两接线柱之间测量电阻，共测3次，就可判别出C、S、M 3个端子。

五、电冰箱压缩机起动器

1. 起动器的作用

起动继电器是单相感应电动机自行起动的一个专用器件。起动器的线圈与压缩机电动机的运行绕组串联连接，在电动机起动时，电动机主绕组先接通电源，然后通过起动继电器使电动机起动绕组接入电源，使压缩机电动机形成旋转磁场而起动运转。当压缩机电动机达到额定转速的80%时，起动继电器会自动切断电动机起动绕组的电源，这时只有主绕组参与工作，使压缩机正常运转。

压缩机在起动时，不仅要克服压缩机本身的惯性，同时也要克服制冷系统中高压制冷剂的反作用力。所以起动时，电动机需要较大的电流和起动转矩。

当电动机起动时，起动绕组帮助主绕组起动。电动机正常运转后，起动绕组之所以必须切断，是因为起动绕组的线径比主绕组的线径小（电阻大而电感小），起动时的电流又大，不宜长期通电。

2. 电冰箱用起动继电器的种类

电冰箱常用的起动继电器有两种：一种是重锤式起动继电器，另一种是PTC起动继电器。

3. 重锤式起动继电器

（1）重锤式起动继电器的结构　这是一种常见的电流式起动继电器，主要由电流线圈、固定触点（静触点）、活动触点（动触点）、衔铁、弹簧和绝缘胶木外壳等组成，其图形符号和接线示意图如图1-5所示。

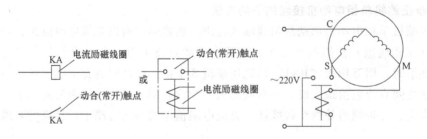

图1-5　重锤式起动继电器的图形符号和接线示意图

重锤式起动继电器的外面有两个插孔和两个焊片。主绕组（运行绕组）插孔和起动绕组（副绕组）插孔插在压缩机外壳的主绕组和起动绕组的接线柱上，小焊片与主绕组插孔相连，大焊片与固定触点相连。磁力线圈的一端同小焊片相接，另一端同大焊片相接。大焊片同温度控制器相连，起动继电器上面有电源线支架。

（2）重锤式起动继电器的工作原理
重锤式起动继电器的内部结构如图1-6所示。继电器的控制触点平时处于常开状态，刚接通电源时，只有继电器线圈和电动机主绕组中有电流。由于压缩机的转子是静止的，起动电流很大，故电流流过继电器线圈时，继电器线圈产生的磁力大于衔铁重力而使衔铁向上运动，使静触点、动触点闭合，接通电动机起动绕组，压缩机开始旋转。随着转速的升高，电流减小，继电器线圈产生的磁力小于衔铁重力，衔铁就会落下，触点断开，起动动作完成。

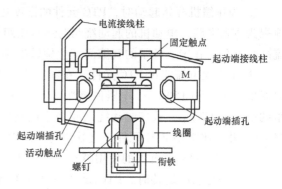

图1-6　重锤式起动继电器的内部结构

（3）重锤式起动继电器的使用特点　重锤式起动继电器广泛用于阻抗分相起动型电动机中，其结构紧凑、体积小，整个起动过程时间约为1~3s。这种起动继电器实际上是一个电磁开关，其最大的缺点是有触点：触点吸合时会产生噪声；触点断开时在断开处会产生火花，时间一长会烧毛触点而造成接触不良或触头脱落，在触点断开瞬间还会对无线电通信设备产生干扰。

4. 电冰箱用 PTC 起动继电器

（1）PTC 的特性　PTC 是正温度系数热敏电阻英文名称的缩写。PTC 元件是以酞酸钡为主要原料，掺以微量的稀土元素，采用陶瓷工艺，经高温烧结而成的、具有正温度系数热敏电阻特性的半导体器件（热敏电阻器）。

PTC 具有正温度系数电阻特性，随温度升高阻值增大，当温度上升到其临界温度 110℃以上时，它的阻值会有成千倍的增大，即在常温（110℃以下）下呈现低阻导通（通常为几十欧）状态，在高温（临界温度以上）时呈现高阻（通常为几十千欧）"断开"状态。可见，PTC 元件具有"温度开关"特性，此特性正好符合压缩机分相起动的要求。

（2）PTC 起动继电器的接线方法及其起动过程　电冰箱压缩机使用 PTC 起动继电器，其外形及内部结构如图1-7所示，应用接线如图1-8所示。在线路中，PTC 元件与压缩电机的起动绕组 CS 相串接。采用 PTC 元件起动的先决条件是必须在常温下，PTC 呈低阻态。

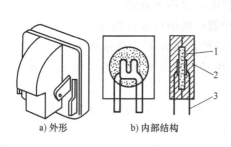

图1-7　PTC 起动继电器的外形及内部结构
1—PTC 元件　2—绝缘壳　3—接线端子

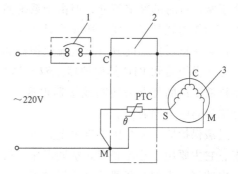

图1-8　PTC 起动继电器的应用接线
1—碟形热保护器　2—PTC 起动继电器
3—压缩机电动机

① 当压缩机开始起动时，PTC 元件的温度比较低，电阻较小（仅几十欧），所以可近似地视为直通电路。电动机的起动绕组与运行绕组同时流过很大的起动电流，要比正常运行电流高 4~6 倍，在定、转子的气隙间产生旋转磁场，使电动机起动。

② 由于大电流流过 PTC 元件，在零点几秒的时间内，可使 PTC 元件的温度迅速升至临界温度以上（约 150℃），电阻值突然增大至数万欧，使 PTC 呈高阻态。这就使流过起动绕组的电流大大减小，致使起动绕组相当于断路状态。此时，流过 PTC 元件的电流约为 10~15mA，并以此维持 PTC 元件一直处于高温高阻状态，起动完毕。

（3）PTC 起动继电器的使用特点　使用 PTC 起动的电冰箱要防止频繁起动。这是因为在压缩机进行制冷运转时，PTC 元件一直处于高温高阻状态，如果在断电后马上又接通电源，PTC 元件在断电后由于热惯性的存在而未能下降到临界温度点（110℃）以下，而仍保持在高阻态，压缩机的起动支路不能流过足够的起动电流，无法形成旋转磁场使电动机起动，而很大的起动电流却一直流过运行绕组，这就有可能烧坏运行绕组。因此使用 PTC 起动的电冰箱在断电后，至少要相隔 3min，待 PTC 元件冷却到居里点温度以下，使之恢复为低阻态时，方可进行第二次起动。

使用 PTC 元件起动的最大优点是它是一种无触点的开关，电路转换时不产生电弧和火花，无噪声，对周围电器无干扰，并且结构简单，性能可靠，使用期限长，特别适用于低电压起动，在电压降到 180V 时也能顺利起动，改善了电动机的起动性能。但是采用了 PTC 起动元件后，由于它在工作时耗电 4W 左右，会使电冰箱耗电量有所上升。

PTC 元件与压缩机有较宽的匹配范围，一般应选用与压缩机的功率相匹配的元件，故常以与其相匹配的压缩机功率（如 1/8Hp）作为它的规格，标记在外壳上。目前国产 PTC 元件的主要技术指标如下：

在 25℃ 室温下 PTC 元件的阻值一般为（15~47）（1±30%）Ω，冰箱常用的是 22Ω 和 33Ω。瓷片耐压 ≥300V，最大承受电流为 7A，最大工作电流 <20mA，起动时间约为 0.1~1.5s。

六、压缩机过载保护器

过电流和过热保护器又称为过载保护器，是压缩机电动机的安全保护装置。当压缩机负荷过大或发生卡缸、抱轴等故障，以及电压过高或过低而不能正常起动时，都会引起电动机电流增大；另外，制冷系统出现制冷剂泄漏时，压缩机连续运行，此时电动机的运行电流虽然比正常运行时的额定值低，但由于系统回气冷却作用减弱，也会使电动机温升过高。过载保护器的作用就是当出现上述故障时切断电源，保护电动机不被烧毁。

过载保护器按功能分有过电流保护器和过热保护器；按结构分有以双金属片制成的条形或碟形热保护器和 PTC 热保护器。双金属片制成的各种热保护器，都是利用双金属片受热产生挠曲变形的特点来切断或接通电源的。PTC 热保护器的工作原理与 PTC 起动器相同，只是临界温度不同而已。

过载保护器一般与压缩机主电路串联，它由电热丝和双金属片构成，正常时触点为常闭状态，它主要用于分体和窗式空调器压缩机中。其外形如图 1-9 所示。

电冰箱、小型空调器的过载保护器一般是热动过电流继电器，呈碟状，也称碟形热保护器，它紧压在压缩机外壳上，能感受到压缩机过电流和外壳温度，无论哪一项超过规定的允许值，都会使热继电器的触点断开，压缩机停止运转。

碟形热保护器是目前使用较多的一种热保护器，尤其应用在小型全封闭压缩机中。例如，在电冰箱所使用的压缩机中，使用最多的是碟形热保护器，其内部结构及工作原理示意图如图 1-10 所示。

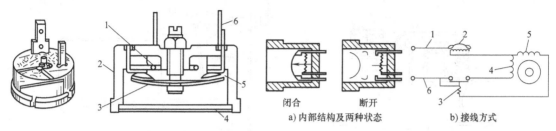

图 1-9　热动过电流保护器
1—电热丝　2—主体　3—双金属片
4—罩子　5—触点　6—接头

a) 内部结构及两种状态　　　b) 接线方式

图 1-10　碟形热保护器的内部结构及工作原理示意图
1—电源相线　2—过载保护器　3—重锤式起动器
4—起动绕组　5—运行绕组　6—电源中性线

碟形热保护器具有过电流保护和过热保护的双重功能，一般都装在压缩机接线盒内，并紧贴于压缩机表面。当电流过大时，电热丝发热量增大，碟形双金属片受热向上弯曲，使触点断开，切断电源。断电后温度逐渐下降，双金属片又恢复至正常位置，触点闭合，使电源接通。当电流正常，但压缩机壳温升过高时，碟形双金属片也同样会受热变形而切断电源。当机壳温度下降后，双金属片又恢复至正常位置，使触点闭合，接通电源，使压缩机重新起动。

七、电冰箱机械式温度控制器

1. 机械式温度控制器的作用

机械式温度控制器主要以压力控制形式为主，即将温度波动信号通过感温包转变为压力信号，然后压力信号通过传动机构转变为位移信号控制触点的开断，去接通或断开执行元件的电路。常用机械式温度控制器有波纹管式温度控制器、膜盒式温度控制器和复式温度控制器等。常用的机械式温度控制器的外观如图 1-11 所示。

2. 机械式温度控制器的结构及工作原理

图 1-12 所示为波纹管式与膜盒式温度控制器的内部结构图，它由感温包、毛细管和微动开关等组成。感温包、毛细管和波纹管组成一个密封的容器，内充制冷剂工质。通常将感温包安装在空调器的进风口处。当它感受到进风口温度发生变化时，容器内工质将产生相应变化，而且通过毛细管传至波纹管，使波纹管对杠杆产生的顶力矩与弹簧拉力矩相互对抗着。当感温包的温度恒定时，顶力矩与弹簧拉力矩使杠杆平衡在某一位置，从而带动微动开关动作，使控制对象（压缩机）处于工作或停止状态。

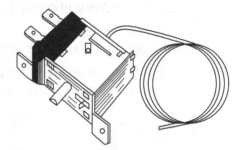

图 1-11　常用的机械式
温度控制器的外观

其动作过程如下：在图 1-12a 中，若感温包感受的温度高于设定值，则波纹管产生的顶力矩增大，使杠杆绕支点 O′顺时针方向转动，A、B 两点脱离微动开关，微动开关在自身弹力作用下复位，触点闭合，压缩机处于工作状态；相反，若感温包感受的温度低于设定值，则波纹管的顶力矩减小，杠杆绕支点 O′逆时针方向转动，A、B 两点撤压微动开关，使触点切断电源，压缩机处于停止工作状态。

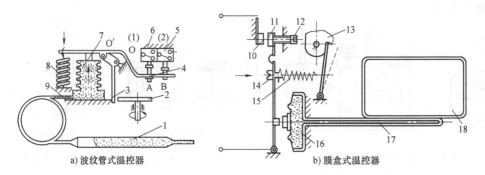

a) 波纹管式温控器　　　　b) 膜盒式温控器

图 1-12　常用机械式温度控制器的内部结构

1、17—感温包　2—偏心轮　3—曲杆　4—杠杆　5、6—微动开关　7—波纹管　8—弹簧　9—毛细管
10—静触点　11—动触点　12—温差调节螺钉　13—温度高低调节凸轮（外部旋钮）
14—温度范围调节螺钉　15—平衡弹簧　16—感压腔　18—蒸发器

温度控制器的温控设定值可通过调节偏心轮的位置获得。当旋动偏心轮 2 使曲杆绕 O 点左移时，O′支点上移，弹簧拉力矩增大，温度控制的设定值将提高；反之，则温度控制的设定值降低。

在图 1-12b 中，当温度下降到温度传感器的调定下限值时，感温包内的压力减小，压板在弹簧力的作用下复位，微动开关触点断开，压缩机处于停止状态；反之，当室内温度升高时，感温包内的压力升高，则膜盒内感温剂膨胀，产生的顶力矩增大，压板被顶起，微动开关触点闭合，压缩机处于工作状态，如此周而复始。

膜盒式温度控制器也可以通过调节调温旋钮来调节设定温度，当顺时针旋转时，凸轮圆弧增大，使弹簧拉力矩增大，温度控制的设定值将提高；反之，则温度控制的设定值降低。

3. 机械式温度控制器的类型及其温控特性

机械式温度控制器的产品用途代号系列：P 为普通型、S 为按钮式半自动除霜型、D 为定温复位型、M 为温感风门型。

（1）WPF 系列普通型温控器　这类温控器可用于风冷（间冷）式冷冻室温度的控制，其外形结构、电路符号、温控特性及在电路中的接线如图 1-13 所示。

技术指标：设计温度范围：−35～15℃；温度调节范围：最大 25℃；开停温差：5～

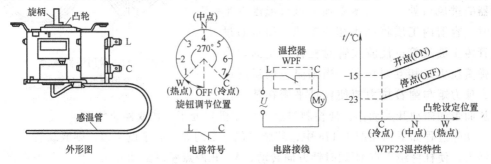

外形图　　　　电路符号　　　　电路接线　　　　WPF23 温控特性

图 1-13　WPF 系列普通型温控器

11℃，开、停机的温度都在零度以下。例如，WPF22501，表示冷点的停机温度为-22℃，开机温度控制在-17℃（设温差为5℃）。

外形结构特点：有可调温的旋柄，电气上有两个引出线端子。在电路中温控触点 L-C 与压缩电机 My 串接。

（2）WSF 系列按钮式半自动除霜型温控器　这类温控器可用于直冷式单门冰箱，是在 WPF 型的结构基础上增加了一个除霜结构，在外形上多了一个除霜按键。其外形结构、电路符号、温控特性及在电路中的接线如图 1-14 所示。

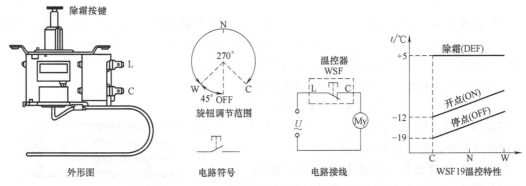

图 1-14　WSF 系列按钮式半自动除霜型温控器

在需要除霜时，按下除霜键，可断开压缩机，停止制冷，进入除霜工作状态。当除霜完毕后能自动跳起按键，自动复位到原设定的温控制冷状态，具有半自动除霜的功能。这类温控器常用于直冷式单门冰箱的控温，它的除霜（DEF）线是一条与横轴平行的直线，即不管温度设定在何处，开、停点温度都在零度以下，但除霜终了恢复制冷工作的温度则一律在零上 3~10℃ 范围内，通常规定为 5℃。

这类温控器从外观看也只引出两根引线，但有一个红色按键位于旋柄的顶部，在电冰箱电路中的接法与 WPF 型相同，与压缩电动机串接。

（3）WDF 系列定温复位型温控器　这类温控器只适用于直冷式双门冰箱，且温控器装在冷藏室，其感温管的尾部应紧贴在冷藏室蒸发器的表面，其外形结构、电路符号、温控特性及在电路中的接线如图 1-15 所示。

它有 H、L、C 3 个引出端，H-L 为手动强制开关，L-C 为温控开关，与前两类温控器一样，在常温下闭合，只有当温度降低到调温凸轮所设定的温度值时才断开。由温控曲线可

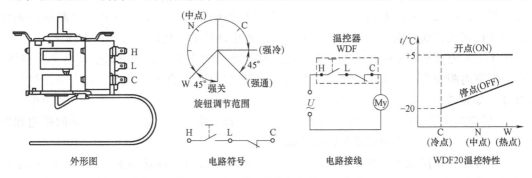

图 1-15　WDF 系列定温复位型温控器

知，不管设在何档温度，停点的温度都在 0℃ 以下，但开点的温度在 0℃ 以上并恒定不变（为 +3~6℃，这与前两类温控特性有很大区别），故称之为定（或恒）温复位型。

当压缩机开启制冷时，箱内温度开始下降，蒸发器表面温度很快下降到 0℃ 以下，直至凸轮所设定的位置时，触点 L-C 断开，压缩机停转，箱内温度回升，一直上升到零上 5℃ 左右（冷藏室的温度一般控制在 1~5℃），能自动闭合温控开关 L-C，开机恢复制冷状态。如 WDF20 型温控器，其冷点的停机温度为 -20℃，开机温度为 +5℃，开停点的温差较大。

八、电冰箱用磁控温度开关

磁控温度开关（温度自感应开关）是一种温度敏感控制器件，可使电冰箱电路在预设定的温度范围内接通或断开。它是由干簧管、铁氧体磁环组成的温度控制元件，具有控温精度高、性能稳定、可靠性高等优点，其结构如图 1-16 所示。

磁控温度开关在电冰箱中用于自动温度补偿，开关触点状态根据环境温度的变化自动转换。例如，当温度小于 10℃ 时触点闭合，当温度大于 14℃ 时触点断开，即不需要温度补偿了。

其中的干簧管也作为电冰箱的门开关使用。将干簧管埋于冷冻室门框内，磁环埋于冷冻室门内，当开门时，磁铁离开干簧管磁力消失，其触点断开风扇电动机连线，保证开门时风扇不转。

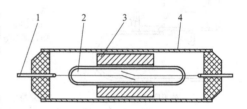

图 1-16　磁控温度开关结构
1—引线　2—干簧管
3—磁环　4—外壳

典型实例

【实例 1】　直冷电冰箱机械温控电路的分析及检修

1. 直冷电冰箱机械温控电路的分析

图 1-17 中为两种典型的直冷电冰箱机械温控电路，两者的区别在于温度补偿的方式不同。

图 1-17a 为手动开关控制，利用白炽灯照明产生的热量实现温度补偿功能。在冬天电冰箱环境温度低于 5℃ 的时候，由用户操作将补偿开关接通，环境温度回升后将补偿开关断开。

图 1-17a 中的电容在温度补偿时串联在白炽灯回路中，起到降低照明功率的作用。由图中可以看出，冷藏室开门时白炽灯全功率点亮进行照明，关门后如补偿开关关断则白炽灯灭，如补偿开关接通，则白炽灯半功率照明（一般电冰箱的补偿加热功率为 5~9W）。

图 1-17b 为自动控制的加热器补偿方式。温度补偿加热器一般采用铝箔粘贴式发热线，贴在冷藏室内胆背部或冷藏蒸发器基板上（发泡保温层内），自感应开关安装在电冰箱保温层外部（如顶盖内）以感应环境温度，当温度低于 5℃ 时自感应开关自动闭合，当温度高于 7℃ 时自感应开关自动断开。在压缩机停机状态下，自感应开关控制补偿加热器的接通和断开，实现低温环境下的自动温度补偿的功能。

温度补偿的作用如下：单循环制冷系统电冰箱（没有电磁阀切换制冷循环）在压缩机运行时，冷藏室、冷冻室同时制冷，而电冰箱的制冷系统是按在 25℃ 环境下，冷藏室 5℃、

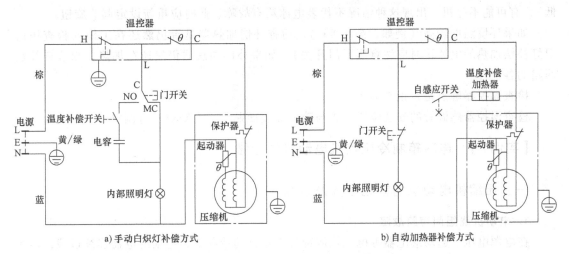

图 1-17 两种典型的直冷冰箱机械温控电路

冷冻室-18℃匹配。这样就造成在低温环境下电冰箱不开机（温控器感受冷藏室温度）导致冷冻室不冷，或开机制冷后冷藏室负温（温控器感受冷冻室温度），所以要在环境温度低于5℃的情况下对冷藏室进行补偿加热，使冷藏室、冷冻室的温度能同时满足使用要求。

当温度补偿回路出现故障时，如低温环境下没有进行补偿加热，电冰箱可能出现不开机或冷冻室温度过高等现象；如在高温环境下仍进行补偿加热，则电冰箱耗电量增大，可能出现不停机、冷藏室温度过高等现象。

图 1-17 中温控器的主开关触点在调节旋钮"0"位置时断开，此时电冰箱的整个电源被切断，停止工作。在调节旋钮的其他位置主开关触点接通。照明灯受门开关的触点控制（图 1-17a 中所示状态为冷藏室门打开时的门开关状态），压缩机的开停运行受温控器的温控触点控制，温度升高到开机点→温度触点接通→压缩机通电运行→温度降低到停机点→温度触点断开→压缩机断电停机→温度回升，如此反复实现温度控制下的压缩机开停循环。

温控器感温位置为冷藏蒸发器表面，为实现冷藏蒸发器自动除霜功能，大多的双门直冷电冰箱采用定温复位型（WDF 等型号）温控器，其停机点温度可以通过旋钮进行调节，但开机点温度不变（约为5℃），即压缩机停机后要等冷藏蒸发器上的霜自然除掉再开机。当需要更换温控器时应注意型号参数的一致。

2. 直冷电冰箱机械温控电路的检修

机械温控直冷电冰箱的常见故障为不制冷、不停机、箱内温度异常等。

（1）不制冷的检修 如果照明灯不亮则检查电源连接及温控器旋钮位置是否正确，确认 220V 供电正常。

如环境温度低于5℃，检查补偿开关是否打开及补偿加热是否工作（白炽灯补偿的电冰箱检查时应注意压下门开关），否则检查补偿回路的各器件。

如果压缩机有明显的运行振动及发热，则检查制冷管道系统。

如果压缩机输入端有 220V 电压却没有运行的振动，则检查保护器、起动器及压缩机。

如果压缩机输入端没有电压，则检查温控器及其连接线。

（2）不停机及箱内温度异常的检修 高温环境下，如果温控器设定档位太高（温度低），有可能不停机，出现这种情况不代表电冰箱有故障，此时应重新设定调节旋钮。

如果环境温度较高（例如，高于8℃），检查补偿加热器是否仍然还在工作（检查用白炽灯补偿加热的电冰箱时应注意压下门开关），如果补偿加热器仍然还在加热，则检查补偿回路的各器件。

检查温控器触点是否正常动作。

检查温控器感温管的安装位置是否与蒸发器表面贴紧，否则要进行调整。

【实例2】 电冰箱制冷压缩机电动机的检修

一、压缩机电动机的常见故障及现象

1. 电动机绕组间短路故障

在电源电压、起动继电器等电气控制部件都正常的情况下，起动继电器连续过载，热保护继电器触点跳开，压缩机不转动。用万用表检查时，发现起动绕组阻值比正常值明显减小，这说明故障是由压缩机电动机起动绕组短路造成的。

压缩机电动机勉强起动和运行，但运行电流比正常值（一般为1.1～1.2A）大一倍以上；响声明显比原来大；运行几分钟后，热保护继电器触点跳开。用万用表检查时，发现运行绕组的阻值比正常值小几欧，这是电动机运行绕组匝间短路造成的故障。

电冰箱通电后熔丝连续熔断。用万用表检查时，发现电动机运行绕组或起动绕组与封闭机壳之间发生短路，即阻值很小或阻值为0Ω（在正常情况下，封闭机壳3个接线柱与封闭机壳之间的阻值应在5MΩ以上）。

2. 电动机断路

在电源电压正常、电路各部分完好的情况下，电冰箱通电后一点儿响声也没有，压缩机不运转。用万用表检查时，发现运行绕组和起动绕组之间的阻值无限大，这种情况大多数是由于电动机绕组接线或电动机引线断开，以及电动机引线与封闭机壳3个接线柱脱落而造成的电动机断路故障。

3. 漏电

压缩机电动机能起动和运行，但在电冰箱接地良好的情况下，处处漏电。用万用表检查，发现封闭机壳接线柱公共端与封闭机壳直通，这就说明公共端对地短路了。

二、压缩机电动机的检测与故障判断

1. 压缩机电动机各绕组阻值的测量

在检测电动机的绕组前，必须拆下压缩机的接线盒，卸下过载保护继电器和起动继电器。接线盒的分解如图1-18所示。部分全封闭式压缩机的接线柱旁有C、S、M的标志，如图1-19所示。对于标明公用点、起动接线柱、运行接线柱的压缩机，CM为运行绕组，CS为起动绕组，运行绕组和起动绕组的阻值之和应等于总绕组SM的阻值，即 $R_{SM} = R_{CS} + R_{CM}$；$R_{CS} > R_{CM}$。

当测出的起动绕组和运行绕组的阻值相加不等于测出的总阻值时，说明电动机的绕组有匝间短路；若测出的绕组的阻值为0Ω，若绕组短路；若测出的绕组的阻值为∞，则绕组断路。

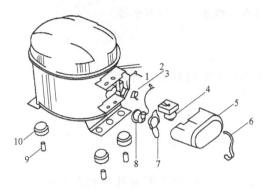

图 1-18　重锤式起动继电器接线盒分解图
1—地线螺钉　2、3—线夹螺钉　4—起动继电器
5—盒盖　6—盒盖簧片　7—保护器压簧片
8—过载保护器　9—胶垫套管　10—防振胶垫

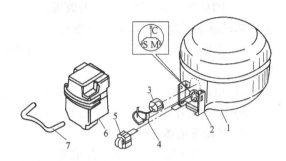

图 1-19　起动继电器接线盒分解图
1—压缩机　2—盒座　3—过载保护器　4—保护器卡簧
5—起动器　6—盒盖　7—盒盖卡簧

2. 压缩机电动机故障的判断

当机组能正常起动，但运行电流过大，运行片刻即停止工作，或压缩机外壳漏电，并且用万用表检查 3 个接线柱间的阻值正常时，表明电动机绝缘性能变差，绕组与机壳接通，称为绕组通地，俗称"碰壳"。

测试方法是用兆欧表的两引出线，分别接压缩机的外壳与压缩机任意一个接线柱，然后以 120r/min 左右的转速转动手柄。国家标准规定压缩机电动机绕组的绝缘电阻应大于 2MΩ，当测得的阻值大于 2MΩ 时，表明绝缘正常；若小于 2MΩ 太多，表明绕组的绝缘已损坏。如无兆欧表则可用万用表的"R×10k"档进行测量判断。

电动机绕组短路、断路、通地后应开壳处理或更换。

【实例3】　电冰箱绝缘性能的测试

电冰箱的 4 大安全性能是指绝缘电阻、泄漏电流、耐压和接地电阻，前 3 项主要由压缩电机的定子绕组所决定。因此必须对压缩电机的定子进行绝缘性能指标的测试，具体测试方法是：

1）绝缘电阻的测量：用 500 型或 1000 型兆欧表，测试点选在绕组的引出端（即导电部分）与壳体（即绝缘部分）之间，以 120r/min 的速度匀速摇动手柄，读取指针所指的值，按规定必须大于 2MΩ，该值越大绝缘性能越好。

2）泄漏电流的测量：用交流毫安表，测量导电部分和绝缘部分之间的电流，应小于 1.5mA。

3）耐压试验：在高压试验台上进行，在压缩机电动机的出线端与壳体之间加 1500V 的交流电压，历时 1min，不应出现击穿和闪烁现象。

（附注：电冰箱的接地电阻必须用电桥进行测量，其指标应小于 0.1Ω。）

【实例4】　电冰箱起动继电器的检修

1. 起动继电器常见故障及现象

起动继电器的常见故障有：

1）重锤式起动继电器接线松动、脱落，触点过脏、烧焦、凹凸不平等。

2）PTC起动继电器爆裂、失效等。

起动继电器发生故障时的现象有：

1）电源电压正常，无起动电流，热保护继电器断续通断而发出"咔咔"声，导致压缩机不运转。

2）电源电压正常，电冰箱通电后，压缩机"嗡嗡"响，或压缩机一点响声也没有。

3）一台电冰箱原来起动运转都正常，后来搬动了电冰箱位置，电冰箱就不起动了。

2. 起动继电器故障的检查

（1）重锤式起动继电器故障的检查方法　对重锤式起动继电器的好坏判别，主要是检测其触点接触是否良好，其方法有：

① 晃。有响声，说明活动触点与固定触点无阻卡，无粘连。

② 看。线圈无焦黑，说明线圈没有被烧坏。

③ 测。将其垂直放置（活动触点落下到位），然后用万用表"R×1"档，将两表笔分别接触起动继电器两插孔内金属。若测出的电阻值为0或1Ω左右（通路），则说明活动触点、固定触点接触良好，起动继电器可以使用；若测出的电阻值无限大，则说明活动触点、固定触点无接触，起动继电器不可使用。

（2）PTC起动继电器的检查方法　如果晃动壳体有碰击响声，就说明PTC起动继电器已击碎损坏。若无碰击响声，可用万用表"R×1"档将两表笔分别接触两孔内金属，如表针指示阻值与标注的阻值相符，则说明正常可用；如表针指示为0Ω或无限大，则说明已损坏，不可使用。

【实例5】　电冰箱过载保护器的检修

1. 起动继电器常见故障及现象

过载保护器常见的故障有双金属片不能复位、线圈烧坏、触点粘连等。碟形热保护继电器损坏后，压缩机不能正常工作，有时会发出断续的"咔咔"声。

2. 碟形热保护继电器故障的检查

（1）电阻测量法　将万用表的两只表笔分别连接碟形热保护继电器的两个连接引脚。如果测得该热保护继电器两个引脚之间的阻值为零或1Ω左右，当过载保护器发生动作后，其触点将断开，则说明热保护继电器正常；如果测得的阻值与标准范围相差过大，甚至达到无穷大，则说明热保护继电器损坏，内部有断路现象，需要更换新的热保护继电器。

（2）负荷法　用一个阻值为1kΩ左右的电阻与被测碟形热保护继电器串联在220V电源中。若接通电源不长时间后能听到热保护继电器双金属片有上翘断开"啪"声，断电后不长时间又能听到双金属片下翘闭合"啪"声；触点断开时，用万用表测其阻值为无限大，闭合时测其阻值为0Ω，均属正常可用，反之为失灵不可使用。

3. 过载保护器的故障维修

1）过载保护器不动作。触点接触不良时，应清除触点表面灰尘或氧化物；触点端子接线不良时，应紧固接线；电流整定值偏大时，应调整螺钉，减小电流；动作机构受卡时，调整后加适量润滑油。

2）过载保护器动作过快。动作电流值过小，应重新调整动作电流；加热元件螺钉松动，连接处电阻增大发热，应紧固连接螺钉；过载保护器散热不好，应调整其安装位置，改善散热条件。

3）加热元件损坏。应更换过载保护器。更换过载保护器时应选择与原有型号、规格相同的过载保护器。安装时要使过载保护器的底部紧紧地压在压缩机外壳上，这样有利于双金属片动作，增加对机壳内温升的敏感性。

4．碟形热保护继电器的更换

碟形热保护继电器损坏，应更换新件。碟形热保护继电器的更换要和压缩机的功率相匹配。

【实例6】　直冷电冰箱机械式温度控制器的检修

1．温度控制器常见的故障现象

温度控制器的故障时有发生，其故障现象有以下几种。

（1）压缩机不停机　电冰箱结霜正常，门封良好，箱内温度已降到很低，但电冰箱仍不停机。

（2）压缩机不起动　电冰箱通电后，照明灯亮，压缩机、起动继电器都正常的情况下，压缩机却一点儿声音也没有。

（3）箱内温度不正常　温度控制器档位置于正常位置（一般放在中间），当箱内温度还没有达到预定温度时，电冰箱就自动停机；温度控制器档位置于较低档（如"1"档）时，箱内反而过冷。

2．温度控制器故障的检查

机械式温度控制器发生故障的常见原因有感温管脱位、接触不良、感温腔内感温剂泄漏、触点粘连、温度控制器机械动作失灵等。

对机械式温度控制器的检测，可以使用万用表。在正常情况下，当温度控制器的调节旋钮位于停机点的位置时，温度控制器处于断开状态。此时检测温度控制器，万用表应显示阻值为无穷大。当温度控制器的调节旋钮离开停机点，调节到任意位置时，温度控制器处于接通状态，此时检测温度控制器的电阻值，万用表应显示为 0.1Ω（可以忽略不计）。

例如，WDF20型温控器，表示冷点的停机温度为 $-20℃$、开机温度为 $+5℃$，其开停点的温差较大。检测此温控器时，可把此温控器的传感器（或整个温控器）放到另一台好的电冰箱冷冻室（应低于 $-22℃$）内，冷冻 $5\sim10min$，拿出来立即用万用表"$R\times1k$"档进行端子测量，如果电源输入端 H（L）与接压缩机公共端 C 断开，且稍后，随着此温控器传感器的温度上升至 $+5℃$，电源输入端 H（L）与接压缩机公共端 C 又能重新接通，说明该温度控制器无故障。如果冷冻 $5\sim10min$ 后仍一直接通，说明有故障。解决办法一般为更换同型号的温控器。

对半自动除霜温度控制器除霜按键的检查，可在室温下将其按下，若松手后其能自动弹回，则说明正常；若不能弹回，则说明感温剂泄漏。

对电子温度控制器的检查，可用一般检查电子电路的常规方法进行，但必须掌握电子温度控制器的电路，了解热敏元件的电阻值随温度下降而迅速增大的基本特性。

相关知识

一、机械温控风冷冰箱的特点

对于冰箱及冷库等制冷装置，蒸发器盘管上的霜层一旦过厚就会造成很大的管壁附加热阻（霜层热阻为钢管热阻的 90~450 倍，视霜层厚度而不同），而且使盘管上的空气通道变窄，妨碍对流，增大了空气的流动阻力。结果是蒸发器的蒸发能力大幅度下降，风扇电动机功耗增加，工作状况恶化。为了消除上述不良影响，蒸发器必须定期除霜。

除霜方式有自然除霜和加热除霜两种情况。加热除霜指利用外加热源或系统逆循环等方式进行除霜。自然除霜则是利用一个除霜定时器，通过定时器内定时电动机在适当的时刻发出开始除霜指令并执行一定的操作，使系统从制冷状态转入除霜状态。除霜进行一段时间后，又在适当的时刻发出终止除霜指令并执行一定的操作，使系统从除霜状态回到制冷状态。

风冷冰箱普遍采用自动除霜方式，而且大多用电加热方法进行除霜。这种电冰箱将功率大的绝缘的电加热器贴在蒸发器上。由除霜定时器隔一段时间接通除霜电加热器的电源，对蒸发器作电加热除霜。

用得较多的自动除霜控制方式中，自动除霜控制除除霜加热器外，还增加了除霜定时器、除霜温度控制器及温度熔断器 3 个控制器件。

二、除霜加热器

1. 除霜加热器的作用与结构

除霜加热器又称化霜加热器。电冰箱在除霜时，通过除霜加热器对蒸发器进行加热，从而达到融化其表面霜层的目的。常用的有玻璃管式加热器，其将盘状加热丝装入石英玻璃管中，两端用硅橡胶等密封而成，故俗称除霜管。其结构如图 1-20 所示。

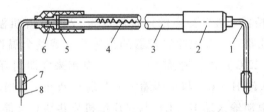

图 1-20　玻璃管式除霜加热器
1—硅橡胶绝缘导线　2—硅橡胶端管　3—石英玻璃管　4—加热丝　5—不锈钢定位片
6—连接夹子　7—PVC 套管　8—接线端子（插头）

2. 除霜加热器的工作过程

玻璃管式除霜加热器均悬挂在翅片盘管式蒸发器底部，由隔水罩套卡固定。当电冰箱除霜定时器接通除霜电路，电冰箱处于自动除霜状态时，由于除霜加热丝装在石英玻璃管中，加热丝通电后，便透过石英玻璃产生红外辐射，从而实现融化蒸发器表面霜层的目的。采用红外辐射可大大提高加热效率，装有此类加热器的自动除霜系统，不设风门加热器、排水加热器，也可实现除霜的目的。但除霜过程中只能将除霜水通过蒸发器底部的隔水罩，也就是除霜管上部的隔水罩，使其绕路流入排水管内。一旦 0℃ 的霜水滴在石英玻璃管上，将会导致该管炸裂。在维修中更换这类除霜加热器时，要注意防止霜水滴在石英玻璃管上，以免将其损坏。

图 1-21　铝管式除霜加热器

另外一种铝管式除霜加热器，是将电热丝装入 64mm 填充有绝缘材料的铝管中，使铝管与电热丝之间不导电，铝管两端用硅橡胶密封，将其两端导线引出，然后将铝管弯曲成蒸发器盘管形状，以水平地夹压在翅片盘管式蒸发器翅片中。其额定电压为 220V，加热功率多为 130W，如图 1-21 所示。这种结构形式的除霜加热器需要与排水加热器或风门加热器配套使用。

三、除霜定时器

1. 除霜定时器的作用

除霜定时器又称化霜定时器、融霜定时器、除霜计时器和定时除霜时间继电器，简称定时器。其作用是定时控制除霜加热器工作，为电冰箱自动除霜，是风冷（间冷）式无霜电冰箱全自动除霜电路中实现定时融霜的主要控制部件。

2. 除霜定时器的外形结构

除霜定时器由微型钟表电动机、齿轮传动箱和触点凸轮机构组成，A、B、C、D 为定时器的接线端子，其外形结构如图 1-22 所示。

3. 除霜定时器的工作原理

除霜定时器电动机与压缩机同时运转，当压缩机累计运行数小时（一般为 8h 左右）后，蒸发器上会结有一层冰霜。此时，除霜定时器开关将自动转换到除霜电路，同时切断除霜定时器电动机和压缩机电源，除霜加热器对蒸发器等器件进行除霜。除霜结束后，除霜定时器开关又自动转换到制冷电路，此时压缩机起动，又重新开始工作，除霜定时器又开始重新计时。所以，除霜定时器可使电冰箱平均每昼夜除霜一次，压缩机的工作系数一般为 40%~50%。

除霜定时器控制电路图如图 1-23 所示。除霜定时器的主要技术参数（电冰箱进行制冷

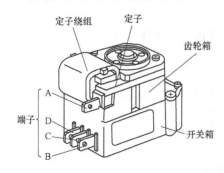

图 1-22　除霜定时器的外形结构

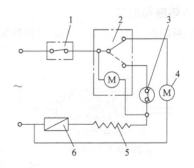

图 1-23　除霜定时器控制电路

1—温度控制器　2—除霜计时器　3—除霜温控器
4—压缩机电动机　5—除霜加热器　6—除霜超热保护器

的时间）为 8h±5min，除霜结束到重新制冷时间约为 7min，功率小于 3W。

四、除霜温度控制器

1. 除霜温度控制器的作用

除霜温度控制器又称为化霜恒温器、双金属恒温器、双金属开关，它与除霜定时器配合进行自动除霜，是除霜加热器电路不可缺少的控制部件，在除霜电路中具有温度控制作用。

2. 除霜温度控制器的结构

除霜温度控制器由双金属片、热敏器、传动销、触点、触点弹簧、接线端子等组成，其结构如图 1-24 所示。

3. 除霜温度控制器的工作原理

除霜温度控制器的两接线端子引出导线，将其串联于除霜电路中。双金属片是一种无电加热元件，其热量由贴压在蒸发器上部储液管壁面的热敏器（感温侧壳体）直接接收的蒸发器表面的热量传导而来。除霜温度控制器的双金属片会随温度的变化而产生变形，使触点自动接通或断开。

除霜温度控制器的触点在 8℃ 以上时呈断开状态，在-5℃ 以下呈接通状态。除霜温度控制器安装在蒸发

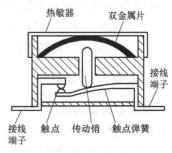

图 1-24 温度控制器的结构

器的侧面，在电冰箱正常制冷时，除霜温度控制器的触点始终导通。在除霜过程中，当蒸发器的温度升高到 8℃±3℃ 或 13℃±3℃ （根据设计不同）时，双金属片变形，压迫传动销，使触点被顶开而切断除霜电源，使除霜加热器停止工作。当蒸发器表面温度达到-5℃ 左右时，双金属片复位松开传动销，使触点闭合，接通除霜加热器电路，迎接再次除霜过程。

五、温度熔断器

1. 温度熔断器的作用

温度熔断器串联在风冷冰箱的加热除霜回路中，是一种超温保护用的安全元件，避免因为加热除霜控制回路故障导致的高温及火灾隐患。当温度达到设定温度时，它能够发生一次性动作而不能复位。在电冰箱中使用的温度熔断器的动作温度一般为 72℃。

2. 温度熔断器的结构

温度熔断器的主要结构为感温剂和弹簧，外形有圆状体和片状体两种，其结构及符号如图 1-25 所示。

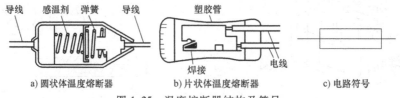

a) 圆状体温度熔断器 b) 片状体温度熔断器 c) 电路符号

图 1-25 温度熔断器结构及符号

3. 温度熔断器的工作原理

温度熔断器是一种热断型保护器，用于自动除霜电路中，可将其安装在蒸发器上或蒸发

器附近，与除霜加热器串联，以使它时刻感受蒸发器表面的温度变化。其一般调定的断开温度为 65~70℃，在除霜温度控制器失灵，不能断开除霜加热器，而使其一直发热时起保护作用。

温度熔断器与除霜温度控制器一样，紧紧地卡装在无霜电冰箱翅片盘管式蒸发器的表面。当其感受到的温度达到 72℃ 左右时，温度熔断器自行熔断。

另一种温度熔断器是采用临界点温度为 65℃ 左右的 PTC 元件，它也可起到保护作用，是可以重复使用的。

六、风冷电冰箱机械式温度控制器

机械式温度控制器的产品用途代号系列：P 为普通型、S 为按钮式半自动化霜型、D 为定温复位型、M 为温感风门型。

WPF 系列普通型温控器常用于风冷（间冷）式冷冻室温度的控制，其外形、电路符号、温控特性及在电路中的接线如图 1-26 所示。

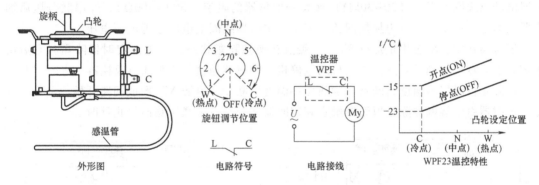

图 1-26　WPF 系列普通型温控器

技术指标：设计温度范围：-35~+15℃；温度调节范围：最大 25℃；开停温差：5~11℃。开、停机的温度都在零度以下。例如，WPF22501，表示冷点的停机温度为 -22℃，开机温度控制在 -17℃（设温差为 5℃）。

外形结构特点：有可调温的旋柄，电气上有两个引出线端子。在电路中温控触点 L-C 与压缩电机 My 串接。

典型实例

【实例1】　机械温控风冷电冰箱控制电路的分析及检修

1. 机械温控风冷电冰箱的电路分析

定时器在机械温控风冷冰箱中用作定时除霜控制，由电动机通过减速机构带动凸轮，进而带动电气触点的动作，循环不断。当前冰箱常用的除霜定时器的定时周期有 8h 和 7min，即：电冰箱进行制冷的时间为 8h±7min，除霜结束到重新制冷时间约为 7min。根据不同型号有两种内部接线方式的除霜定时器：

A 型：转换触点的公共端与定时器电动机的线圈相连。

B型：转换触点的常闭端与定时器电动机的线圈相连。

对应两种定时器，冰箱电路及接线也对应不同，典型风冷冰箱控制电路如图1-27所示。

上述两种定时器的接线方式虽然不同，但实现的控制功能是完全相同的。温控器作为温度控制元件，压缩机及除霜回路的运行受温控器的温控触点控制，温度升高到开机点→温控器触点接通→压缩机及除霜回路工作（由除霜定时器控制除霜或制冷）→温度降低到停机点→温控器触点断开→压缩机及除霜回路停止→温度回升，如此反复实现温度控制下的压缩机开停循环。以下分别对A型定时器和B型定时器的除霜过程进行分析：

（1）A型除霜定时器的除霜过程 当温控器触点接通时，由除霜定时器控制压缩机的运行及除霜过程，除霜定时器触点在图1-27a所示的位置时为制冷状态，除霜定时器触点切换到常开位置时为除霜状态。在定时器制冷状态下压缩机通过"电源L→温控器→定时器常闭触点→保护器→压缩机电动机线圈→起动器→电源N"形成回路通电运行，加热器回路不工作，定时器通过"电源L→温控器→定时器线圈→温度熔断器→加热器→温度熔断器→电源N"形成回路通电运转计时。此时，在该定时器线圈与加热器的串联回路里，由于除霜定时器电动机线圈的阻值（20~30kΩ）远大于加热器的阻值（300~400Ω），经串联分压后加热器上的电压很小，可认为加热回路不工作，定时器线圈上电压接近电源电压。

定时器在制冷状态累积运行8h后，触点转换到除霜状态，在进入定时器除霜状态后由于定时器触点切换到常开点，压缩机断电停机，加热器通过"电源L→温控器→定时器常开触点→除霜恒温器→温度熔断器→加热器→温度熔断器→电源N"形成回路开始通电加热除霜，定时器由于线圈被除霜恒温器触点和定时器常开触点串联短路而停止计时。

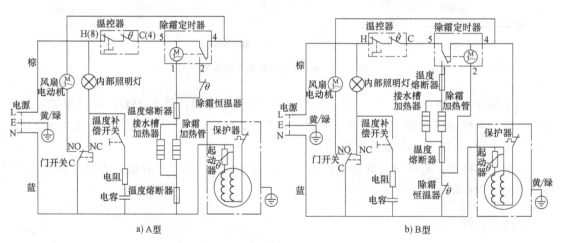

图1-27 典型风冷冰箱控制电路

由于定时器线圈断电，系统维持加热除霜状态直至除霜恒温器的温度达到7℃，除霜恒温器的触点断开，此时加热器断电，压缩机仍断电停机，定时器通过"电源L→温控器→定时器线圈→温度熔断器→加热器→温度熔断器→电源N"形成回路继续运转计时。

定时器运转7min后，触点回到制冷状态，压缩机通电制冷，进入下一个循环。

（2）B型除霜定时器的除霜过程 当温控器触点接通时，由除霜定时器控制压缩机的运行及除霜过程，除霜定时器触点在图1-27b所示的位置时为制冷状态，除霜定时器触点切换到常开位置时为除霜状态。在定时器制冷状态下，压缩机通过"电源L→温控器→定时器常闭触点→保护器→压缩机电动机线圈→起动器→电源N"形成回路通电运行,加热器回路不工作,定时器通过"电源L→温控器→定时器常闭触点→定时器线圈→除霜恒温器→电源N"形成回路通电运转(由于冰箱已在制冷,所以除霜恒温器触点应当在闭合状态)。

定时器在制冷状态累积运行8h后触点转换到除霜状态,在进入定时器除霜状态后由于定时器触点切换到常开点,压缩机断电停机,加热器通过"电源L→温控器→定时器常开触点→温度熔断器→加热器→温度熔断器→除霜恒温器→电源N"回路开始通电加热除霜,定时器由于常闭触点跳开而停止计时。

由于定时器线圈断电,系统维持加热除霜状态直至除霜恒温器的温度达到7℃,除霜恒温器的触点断开,此时加热器断电,压缩机仍断电停机,定时器通过"电源L→温控器→定时器常开触点→温度熔断器→加热器→温度熔断器→定时器线圈→保护器→压缩机电动机线圈→起动器→电源N"形成回路继续运转计时。此时,在该定时器线圈与加热器、压缩机的串联回路里,由于化霜定时器电动机线圈的阻值(20~30kΩ)远大于加热器的阻值(300~400Ω)及压缩机的线圈阻值,经串联分压后加热器及压缩机上的电压很小(忽略不计),加热器及压缩机不工作,定时器线圈上电压接近电源电压正常运行计时。

定时器运转7min后触点回到制冷状态,压缩机通电制冷,进入下一个循环。

从上述的分析可以看出,无论是A型定时器或B型定时器,其实现的除霜过程是完全相同的,除霜过程如图1-28所示。

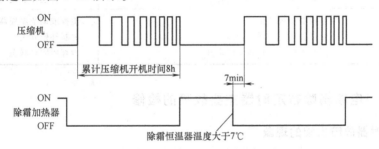

图1-28 典型风冷冰箱除霜过程示意图

图1-27电路中采用的是手动白炽灯补偿方式,电阻、电容串联在电路中,用于在低温补偿状态下降低白炽灯的发热功率。风扇电动机与压缩机的开停同步运行,但在冷藏室开门时强制风扇电动机停转,避免冷气外逸影响制冷效果。

温度熔断器作为安全保护器件串联在加热回路中,避免由于除霜恒温器或定时器等故障造成长时间加热引起火灾或箱胆变形等安全隐患,温度熔断器动作断开后不可恢复,如果温度熔断器动作,除相应更换器件外,应同时检查除霜恒温器和定时器等加热回路控制器件。

2. 机械温控风冷电冰箱的电路检修

机械温控风冷电冰箱除基本制冷功能故障外,较多出现的是不除霜或除霜不良引起的制冷不良的故障,具体机械温控风冷冰箱电气控制故障分析可参见表1-2。

表1-2 机械温控风冷冰箱电气控制故障分析

故障现象	原　因	检　查
冰箱不运转,照明灯不亮	无电源电压	测量电源电压
	温控器旋钮在"0"位	调节温控器旋钮
	温控器故障,主触点开路	检查温控器触点

（续）

故障现象	原 因	检 查
风扇电动机运转但压缩机不运转	压缩机线圈故障或卡死 压缩机保护器开路故障 压缩机起动器故障	检查压缩机 检查保护器 检查起动器
压缩机运转但风扇电动机不动	风扇电动机损坏或卡死 门开关故障或关门时开关行程不够	检查风扇电动机 检查门开关
压缩机与风扇电动机不运转	温控器故障、主触点开路、定时器故障、加热器开路或温度熔断器已动作（B型）	检查温控器 检查定时器 检查加热回路
冷冻室不除霜	定时器故障 加热器开路或温度熔断器已动作 除霜恒温器一直开路	检查定时器 检查加热回路 低温下检查恒温器
冷冻室除霜不干净或接水槽部位结冰	除霜恒温器参数变化 接水槽加热器断路	检查恒温器动作温度 检查接水槽加热器
箱内温度过冷	温控器触点短路或参数变化	检查或调节温控器
冷冻室温度过高	温控器参数变化 低温环境下未开补偿或补偿回路故障	检查或调节温控器 打开补偿开关或检查补偿回路
冷藏室温度过高	温控器参数变化 非低温环境下误开补偿 门开关故障导致照明灯常开	检查或调节温控器 关断补偿开关 检查照明灯状态

【实例2】 电冰箱除霜定时器主要故障的检修

1. 除霜定时器故障出现的现象

除霜定时器触点频繁通断，使用久了会出现触点接触不良或粘连、除霜定时器电动机线圈被烧坏而断路、定子和转子之间卡阻等现象，引起除霜定时器不运转，造成其不除霜或压缩机不工作。

除霜定时器触点接触不良，会引起压缩机制冷回路或除霜回路不正常；当触点粘连时，又会引起电冰箱边制冷边除霜，导致箱内温度升高、工作电流偏大。

2. 除霜定时器主要故障的检修

1）电动机烧坏。用万用表测量除霜定时器电动机的进出线，若阻值变小或无穷大，表明电动机绕组短路或断路。例如，检查时断开电源，用万用表"R×1k"档测量除霜定时器电动机绕组两端的电阻值。正常值应为8kΩ，如果为无穷大，则说明线圈开路，已经被损坏。若是除霜定时器电动机烧坏，应更换一个新的除霜定时器。

2）除霜定时器触点接触不良。遇到这种故障现象时，可在断开电源的情况下，用万用表电阻档，参考电路中除霜定时器连接的触点位置，通过重点检测插片通断来确定，其后视其损坏部位或拆修或更换新件，一般应更换同型号的除霜定时器。

3）机械部件故障。如测量除霜定时器电动机阻值正常，但电动机通电后发出"嗡嗡"声，电动机不运转，表明定时器机械传动部件发生故障。打开定时器的盖板，查看各机械部件处有无脏物、磨损等现象。若有脏物存在，应将脏物小心去掉，用酒精清洗各机械部件处。若有磨损存在，应用细砂纸将磨损处打磨光滑，去掉毛刺；若磨损严重时，应更换相应的机械部件。定时器修好后，应转动定时器调节杆，看其旋转是否灵活，并用万用表的电阻档测量各接线端子间是否正常。一切正常后，即可装入电冰箱使用。

【实例3】 除霜温度控制器的检修

由除霜温度控制器的工作原理可以看出，当除霜终了达到其触点断开温度而不能断开时，将会使除霜加热器一直通电发热，直至箱内胆部件被烧毁或温度熔断器熔断为止；当制冷温度达到其触点复位温度而其不能复位时，将会使除霜加热器一直不能通电发热。因此，检修除霜温度控制器是检修除霜电路的重要内容。

除霜温度控制器在常温下呈接通状态，其好坏难以鉴别。如果怀疑除霜温度控制器失灵或新购件需要验证其好坏时，方法是：将除霜温度控制器置于−5～−15℃冷冻室内，两连接导线置外；数分钟后，用万用表电阻档检测两根导线之间，若为通路，而且把除霜温度控制器取出后，若在常温下很快断开，则说明其正常，反之为失灵损坏。

由于除霜温度控制器结构简单、造价低、作用大，若经检测确定其失灵损坏，一般更换新件。

【实例4】 温度熔断器的检修

温度熔断器的检修主要是对其故障现象的判断。由温度熔断器的工作原理知，温度熔断器熔断后，将使除霜定时器电动机绕组处于短接状态，绕组的短接不能使除霜定时器电动机通电运转，其触点就无法跳回接通压缩机回路，造成电冰箱长停不开机。遇到这种故障现象应重点检测温度熔断器是否熔断。由于温度熔断器造价低，且其一旦熔融变形后则无法复原，为一次性使用器件，故当其熔融变形后应更换一个新的。

【实例5】 除霜加热器的检修

除霜加热器损坏时，会引起电冰箱不除霜，使电冰箱制冷效果下降。除霜加热器损坏多为开路，故障率较高，原因多是内部进水被腐蚀，只能更换同规格的除霜加热器。检查时，将除霜加热器的两接线插头拔下，不必拆下除霜加热器，可用万用表电阻档直接测量两插头之间的电阻值。正常值应为300～500Ω，为无穷大时，说明除霜加热器已经损坏。也可不用万用表检查测量，可拆下除霜加热器，直接观察其内部金属丝，如果内部发白或断裂，则说明已损坏。

【实例6】 风冷电冰箱机械式温度控制器的检修

1. 温度控制器常见故障及现象

温度控制器的故障时有发生，其故障现象有以下几种。

(1) 压缩机不停机 电冰箱结霜正常，门封良好，箱内温度已降到很低，但电冰箱仍不停机。

(2) 压缩机不起动 电冰箱通电后，照明灯亮，压缩机、起动继电器都正常的情况下，压缩机却一点儿声音也没有。

（3）箱内温度不正常　温度控制器档位置于正常位置（一般放在中间），当箱内温度还没有达到预定温度时，电冰箱就自动停机；温度控制器档位置于较低档（如"1"档）时，箱内反而过冷。

2. 温度控制器故障的检查

机械式温度控制器发生故障的常见原因是感温管脱位、接触不良，感温腔内感温剂泄漏，触头粘连，温度控制器机械动作失灵等。

对机械式温度控制器的检测，可以使用万用表。在正常情况下，当温度控制器的调节旋钮位于停机点的位置时，温度控制器处于断开状态。此时检测温度控制器，万用表应显示阻值为无穷大。当温度控制器的调节旋钮离开停机点，调节到任意位置时，温度控制器处于接通状态，此时检测温度控制器的电阻值，万用表应显示为 0.1Ω（可以忽略不计）。

例如，WPF22501 型温控器，表示冷点的停机温度为 $-22℃$，开机温度控制在 $-17℃$（设温差为 $5℃$）。检测此温控器时，可把此温控器的传感器（或整个温控器）放到另一台好的电冰柜冷冻室（应低于 $-23℃$）内，冷冻 $15\sim20min$，拿出来立即用万用表"R×1k"档进行端子测量，如果电源输入端 H（L）与接压缩机公共端 C 断开，且稍后，随着此温控器传感器的温度上升至 $+5℃$，电源输入端 H（L）与接压缩机公共端 C 又能重新接通，说明该温度控制器无故障。如果冷冻 $5\sim10min$ 后，仍一直接通说明此温控器有故障。解决办法一般为更换同型号的温控器。

课题三　微处理器温控电冰箱电路板的检修

相关知识

一、微处理器温控电冰箱电路板的检修要点

微处理器温控电冰箱的控制系统通过电路板体现，电路板是微处理器电冰箱容易出现电气故障的地方。从实际统计数据来看，绝大部分的电路板损坏都是其中部分功能电路的局部问题，只要掌握了电路板的电路原理和检修方法，就可以用较少的成本进行修复。电冰箱电路板的控制电路基本是一种典型的温度控制电路，有很强的规律性，相对而言并不复杂，其核心单片机芯片部分可靠性很高，外围电路也较多采用传统的典型电路，只要多加分析总结、尝试实践，就能掌握电路板维修的基本技能。

二、电冰箱微处理器控制电路的主要构成

电冰箱微处理器控制电路由单片机和外围电路构成的硬件系统和软件程序组成。

随着半导体技术的发展，单片机的集成度越来越高、功能越来越多，也更加可靠，一般都包含信号处理、A-D 转换、输入/输出接口控制等功能，有些甚至包含了 EEPROM、时钟电路、看门狗复位电路等。从应用的角度来看，只需了解其基本控制和运行功能，除信号输入、控制输出驱动、电源及辅助外围电路等硬件外，相关的控制运行通过单片机中的软件程序来实现。

图 1-29 是电冰箱的微处理器控制系统的结构框图。外围电路由各种分立电路组成，包

括传感器与信号电路、驱动电路、辅助电路等。传感器与信号电路将采集的非电量信号或电量信号转换为电压信号，如温度传感器采集温度信号并转换为模拟电压信号、门开关采集门的机械动作并转换为开关电压信号、电源信号的电源相位检测信号、断电时间是否超过3min 的检测信号。微处理器芯片对接收到的各种信号和用户的设定输入进行运算判断处理后，输出相应的控制信号，通过驱动电路使执行元件相应动作。单片机正常运行所需的辅助电路包括电源电路、晶振电路、EEPROM 存储器、复位电路等，有的型号中将晶振电路、EEPROM 存储器等集成在单片机内部。

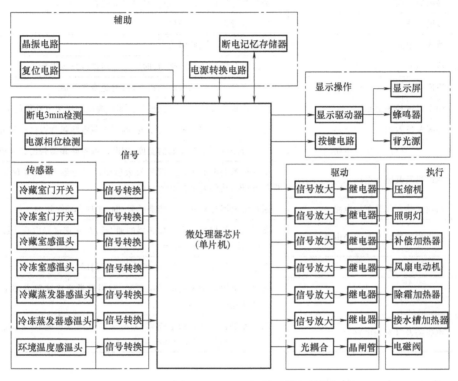

图 1-29 电冰箱的微处理器控制系统的结构框图

三、电冰箱微处理器控制主要分立电路的种类与功能

电冰箱微处理器控制分立电路主要指单片机的外围电路，一般而言，在图 1-3-1 中，除传感器和执行部分外，其他的功能模块电路均在电路板上，无论功能、性能上有多大的区别，各种电冰箱微处理器控制系统的电路结构大多相同或相似，以某品牌 BCD199W/AK 型双循环风直冷电冰箱微处理器控制电路为例，主要的分立电路名称和功能见表 1-3。

表 1-3 常见微处理器控制电冰箱电路板主要的分立电路名称和功能

序号	分立电路名称	主要功能说明
1	电源过电压保护电路	当电源电压过高时,使电路板上的熔断器动作,避免电路板上其他重要元器件损坏
2	电源转换电路	为控制系统提供 5V 和 12V 的直流电源
3	晶振电路	产生高频振荡,为单片机提供标准时钟

（续）

序号	分立电路名称	主要功能说明
4	复位电路	上电时使控制系统清零,提高控制系统的稳定性和可靠性
5	断电记忆存储电路	具有断电记忆功能的存储器,记忆用户设定值及部分运行过程参数,实现重新来电后自动恢复原有设定功能运行
6	电源相位检测电路	为双稳态电磁阀的驱动提供电源相位参考信号
7	显示电路	显示电冰箱的运行状态
8	蜂鸣器电路	进行按键操作或提示、报警时发出蜂鸣音
9	按键电路	用户进行设定调节操作
10	背光源电路	液晶显示的背光照明
11	冷藏门开关检测电路	冷藏室开门时照明灯亮,长时间未关门进行声音提醒
12	冷冻门开关检测电路	冷冻室开门时使风扇电动机停转,避免冷气外散
13	间室温度检测电路	检测冷藏室、冷冻室内的温度,控制压缩机和风扇电动机的运转
14	冷藏蒸发器温度检测电路	通过检测冷藏室蒸发器的温度,判断冷藏室除霜是否已经完成
15	冷冻蒸发器温度检测电路	通过检测冷冻室蒸发器的温度,判断冷冻室除霜是否已经完成
16	压缩机及其驱动电路	单片机的弱电输出通过信号放大后驱动继电器,继而实现控制压缩机的开/停,达到温度控制的目的
17	除霜加热器及其驱动电路	通过继电器控制除霜加热器的通/断,实现自动除霜的功能
18	接水槽加热器及其驱动电路	通过继电器控制接水槽加热器的通/断,在除霜过程中晚于除霜加热器断电,确保除霜水的流出
19	照明灯及其驱动电路	通过继电器控制照明灯,实现冷藏室开门时的照明
20	风扇电动机及其驱动电路	通过继电器控制风扇电动机运转,利用风道将冷冻蒸发器上的冷气分配到间室内,实现制冷功能
21	电磁阀及其驱动电路	通过光耦合实现强弱电隔离,同时驱动晶闸管控制双稳态电磁阀的转换,即冷藏制冷循环与冷冻制冷循环的转换

四、分立电路的图解分析与检测

图 1-30 是某品牌 BCD-199W/AK 型风直冷电冰箱的控制电路原理图,下面从硬件电路的角度对其电路板各个单元电路分开来进行分析,便于在实际维修检测过程中的判断。

典型实例

【实例 1】 BCD-199W/AK 型风直冷电冰箱控制电路板的分析与检测

1. 过电压保护电路

图 1-31 是电源输入环节的过电压保护电路原理图,图中 RV1 为压敏电阻,与熔断器 FU1 组成过电压保护电路,C1 为抗干扰电容,用于滤除电源中产生的干扰信号。压敏电阻型号为 14N561,其压敏电压为 560V（56V×10）,正常情况下可认为压敏电阻开路,当电源电压过高,峰值超过 560V 时压敏电阻阻值突降接近短路,熔断器 FUI 熔断,电路板断电,使板上的重要元器件不被损坏。

过电压保护电路动作后，从显示及功能上体现出电冰箱整个控制系统断电，停止工作。通过观察熔断器就可以得到判断。

引起熔断器断路的主要原因是电源电压出现过高的情况，除了要更换熔断器外，还应当检查压敏电阻是否击穿。更换压敏电阻时应注意电压值参数。注意：型号 561 代表压敏电压为 560V，型号 560 代表压敏电压为 56V。

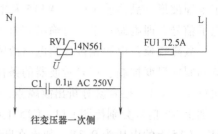

图 1-31　过电压保护电路原理图

2. 电源转换电路

图 1-32 是电源转换电路原理图，该部分电路将 220V 的强电交流电压转换为 12V 和稳定 5V 的直流电源，其中 12V 电源主要供继电器、背光源和蜂鸣器的驱动（不需要进行稳压），5V 电源则供给芯片、信号处理等电路使用。

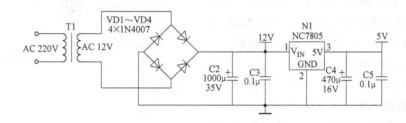

图 1-32　电源转换电路原理图

控制原理：图中由变压器 T1 将 220V 降至 12V 交流，经过二极管 VD1~VD4 及电容 C2、C3 组成的整流滤波电路产生 12V 直流，再通过三端稳压集成块 7805 输出稳压 5V 直流，C4、C5 为 5V 直流的滤波电容。

故障现象：电源电路故障将导致整个电冰箱不能工作。检测时通过用万用表测量：变压器一次侧 220V 交流→变压器二次侧 12V 交流→C3 两端 12V 直流→C5 两端 5V 稳压直流，直到检测到异常。

除了电源转换电路本身的元器件损坏会造成输出直流异常外，电路板其他电路及直流负载出现短路，也可能造成电源电路的损坏，这时需要逐个断开直流电源的负载进行检测。

3. 电源相位检测电路

图 1-33 是电源相位检测电路，该部分电路产生与交流 220V 电源同相的直流方波信号输入主芯片，这样就可以通过判断直流的高低电平，确定当前的交流电源相位是处于正半周还是负半周，最终用于双稳态电磁阀的驱动脉冲参考。

控制原理：图中二极管 VD11 对变压器二次侧的交流信号进行半波整流后保留

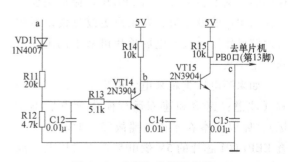

图 1-33　电源相位检测电路

正半周波形，晶体管 VT14、VT15 及电阻 R11～R15 组成两级反相电路，将波形整形为高低电平信号，即电源正半周时输出高电平 5V，电源负半周时输出低电平 3V。

故障现象：电源相位检测电路故障后会导致双稳态电磁阀不动作或动作异常，并直接影响到制冷温度控制。在有示波器的条件下，通过对比电容 C12、C14、C15 两端的波形（两次反相整形），很容易分析出故障点。用万用表带电检测时，可以通过断开 VD11 或在断开点加上 5V 信号分别检测 C14、C15 上的电压。正常情况下，断开 VD11 后，C14 上的电压为 5V，C15 上的电压为 0.3V。如果在断开点加上 5V 后则相反。

4. 断电 3min 检测电路

图 1-34 是断电 3min 检测电路，用于实现停电不足 3min 时延时起动压缩机，避免压缩机起动负载过大，达到保护压缩机的目的。

控制原理：电路通过电容 C51 的充放电实现功能，上电时 5V 通过电阻 R51、二极管 VDS1 及电阻 R52 同时对电容 C51 充电，断电后电容 C51 通过电阻 R52 放电（此时 VD51 反向截止），由于充电电阻远小于放电电阻，所以充电很快，放电较慢。每次一上电，单片机就检测电容 C51 上的电压，如果停电时间小于 3min，放电时间不够，单片机检测到高电平，在控制程序中加入压缩机 3min 延时起动的条件。如果停电时间超过 3min，单片机检测到低

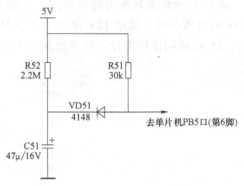

图 1-34　断电 3min 检测电路

电平，则程序中只要满足压缩机开机条件则立即起动。3min 延时时间并不要求很准，在 2～5min 范围内都可以接受。

故障现象：断电 3min 检测功能在电冰箱正常运行中不起任何作用，但对于经常短时间停电的地区，如果该电路故障，压缩机过载起动时必然引起压缩机的保护器动作，所以当保护器损坏时应同步检查断电 3min 延时功能是否正常。

分别在上电和断电的过程，用数字万用表测量二极管 VD51 正端电压的变化，判断故障情况，常见故障为二极管或电容损坏。

5. 断电记忆电路

图 1-35 中利用 EEPROM 存储器 AT93C46 实现断电记忆功能，它最重要的特点是停电后存储的数据不会丢失。EEPROM 存储器主要用于存储用户的设定值，在用户更改过设定后进行存储操作，每次上电后单片机从中调出存储的设定参数。

如果断电后重新来电，用户上次的设定失效（注意：速冷和速冻运行模式断电后不记忆），原因基本在于该电路故障。此时应当检查 EEPROM 芯片的 5V 供电是否正常以及电路板上的相关连线是否有虚焊、断路和短路，否

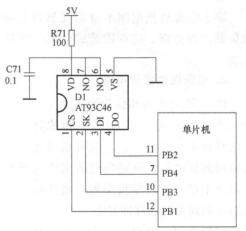

图 1-35　EEPROM 存储器记忆电路

则更换 EEPROM 芯片。

6. 复位及晶振电路

图 1-36 所示为典型的单片机晶振和复位电路。晶振电路直接接入单片机，用于产生 4.0MHz 的振荡频率为单片机提供标准时钟信号。当晶振出现故障时，整机控制系统停止运行。更换晶振时注意要用相同振荡频率的替代。

控制原理：图中的单片机复位端低电平有效，即低电平（0V）单片机复位，高电平（5V）正常运行。上电的瞬间，电容两端相当于短路，实现上电复位功能。同时电容快速通过电阻 R83 充电到 5V 并保持，完成复位并按程序运行。断电后电容通过二极管 VD83 迅速放电，为下次上电复位做准备。

复位电路的作用是防止上电瞬间各电压信号未正常建立就进入程序运行引起系统受到干扰出现死机，上电复位延时后能提高控制系统的稳定性和可靠性。

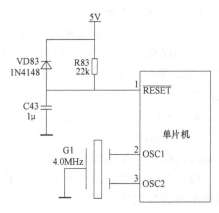

图 1-36 典型的单片机晶振和复位电路

故障现象：运行过程复位端应当为 5V，如果电容被击穿导致芯片复位端一直为低电平，整个控制系统将不运转。

7. 感温头输入电路

感温头输入电路如图 1-37 所示，其功能是将感温头（热敏电阻）的电阻值变化转变为电压信号。

控制原理：以下仅以冷冻室感温头输入电路为例说明，如图 1-37 所示，R27 与冷冻室感温头 R_F 组成串联分压电路，R32 为输入电阻，保护单片机芯片输入回路，电容 C32 滤除一些尖峰干扰信号，避免采样错误。

感温头是一个负温度系数的热敏电阻，温度越高阻值越小，对应分压后的电压值就越小。对应温度变化的电压值进入单片机后经过 A-D 转换，再在程序中通过对照表还原为对应的温度值。

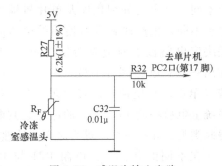

图 1-37 感温头输入电路

从串联分压公式 $U = [R_F/(R_F+R_{27})] \times 5V$，可以对照感温头温度电阻参数，计算出本电路中各温度点下 C32 两端的电压值。计算结果见表 1-4。

表 1-4 温度与电压对照表

温度/℃	电阻值/kΩ	电压/V	温度/℃	电阻值/kΩ	电压/V
-18	16.9	3.66	5	5.06	2.25
-7	9.3	3	25	2	1.22
0	6.5	2.56	37	1.21	0.82

为保证温度采样的精确，图 1-30 中，R26~R29 采用高精度电阻。

故障现象：当感温头输入电路出现短路或断路故障时，一般情况下电冰箱显示屏会出现相应的故障码提示，当感温头或电阻出现参数漂移时，会造成温度控制和显示偏差或除霜故障，但能够运行。

进行检修时对应当前各个感温头的温度值，用万用表测量到单片机芯片输入端的电压是否正确，进而判断故障点位置。

8. 门开关输入电路

图 1-38 为门开关输入电路。门开关为常开触点（关门时触点闭合）。开门时电容 C19 两端为 5V 电压，关门后 C19 两端电压为 0V。开关门对应的高低电平信号输入单片机，程序做相应动作。

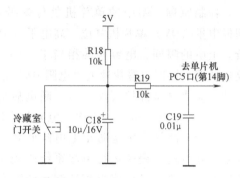

图 1-38 门开关输入电路

电容 C18 消除开关门过程中触点抖动引起的干扰。电阻 R19 为输入电阻，用于保护单片机芯片输入回路，电容 C19 用于抗干扰。

门开关输入电路故障判断和检修都很简单，这里不再详细叙述。但应注意，有的厂商的电冰箱门开关为常闭触点。

9. 电磁阀类型判别电路

典型的机型判别电路利用单片机的一个输入端口，通过电平判断就可简单实现，如图 1-39 所示。在电路中根据单片机芯片输入端口配置，将冷冻室门开关输入电路与电磁阀类型判别电路组合在一起，用一个带 A-D 转换的输入口代替两个开关量输入端口。

对应电磁阀类型不同，驱动方式也相应不同，对应的处理程序及单片机输出信号也不同，生产时根据所使用的电磁阀类型决定电路板上对应是否安装电阻 R23，即用双稳态电磁阀时不接电阻 R23，用传统（单稳态）电磁阀时接电阻 R23。每次系统上电后检测 PC4 端口的电压，判断电磁阀类型，并在程序中进行对应的处理。

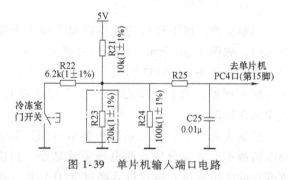

图 1-39 单片机输入端口电路

在不同的状态下，电阻 R21 与 R22、R23、R24 组成串/并联分压电路，分压后的电压值通过输入电阻 R25 到单片机 PC4 端口。对应冷冻室门开关状态和是否接入电阻 R23，表 1-5 列出了 4 种情况。

表 1-5 冷冻室门开关的 4 种接入形式

门开关	电阻 R23	串/并联形式	C25 上电压/V
闭合（关门）	不接（双稳态）	R24、R22 并联后与 R21 串联	1.84
闭合（关门）	接入	R22、R23、R24 并联后与 R21 串联	1.56
断开（开门）	不接（双稳态）	R24 与 R21 串联	4.55
断开（开门）	接入	R23、R24 并联后与 R21 串联	3.13

单片机通过对电压的检测，判断电磁阀类型和冷冻室门开关的状态。电路中的 4 个电阻

阻值变化和虚焊都可能引起判断错误，当冷冻室门开关判断错误时，会引起开门时风扇电动机运转导致冷气外逸或关门后风扇停转导致制冷不良。实际产品较多采用"磁铁+干簧管"的形式实现门开关的功能，磁铁装在门上，干簧管装在箱体上，通过磁铁接近干簧管后引起的触点动作作为门开关信号。

电磁阀故障包括频繁动作（有动作噪声）或不动作，其中一个室不制冷另一个室制冷过度且压缩机不停机。故障时间太久还容易损坏电磁阀。所以每次维修更换电路板或电磁阀时应核对两者的匹配（这种情况下电路板上会有文字标识），随着技术发展，在电冰箱中双稳态电磁阀（脉冲驱动）已基本取代传统电磁阀（电压驱动），但在过去生产的产品中存在着两者都有应用的情况。

根据表1-5的对应状态，用万用表通电测量电容C25上的电压值，能够判断出故障。在检查电路板时，应先排除冷冻门开关及其连接线的故障，分别打开或关上冷冻室门断电，在电路板上测量连接器X102的6、9端子之间的通断（见图1-30）。另外，在维修中需要更换该部分的电阻时，应选用高精度电阻。

10. 电磁阀驱动电路

图1-40为电磁阀驱动电路，为了能实现双稳态电磁阀的脉冲驱动方式，采用双向晶闸管作为驱动元件。交流电源通过双向晶闸管VTH96、电阻R96、电容C96与电磁阀线圈构成主回路，双向晶闸管VTH96控制电磁阀线圈的电流通断，受触发信号控制，电阻R96与电容C96串联组成阻容吸收保护电路并联在晶闸管的两端，避免双向晶闸管受到损坏（电磁阀线圈为感性负载，在断电的瞬间可能产生极高的反向电动势，造成开关驱动元件损坏）。

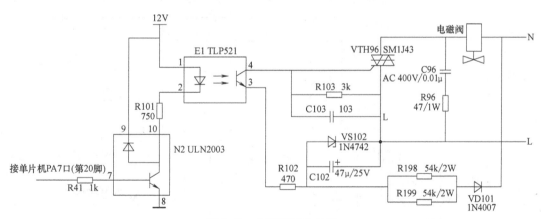

图1-40　电磁阀驱动电路

二极管VD101，电阻R198、R199，电解电容C102，稳压二极管VS102组成典型的整流滤波稳压电路，将220V交流电源转变为12V直流电源。其中，VD101对220V交流电源进行半波整流，R198、R199并联为27kΩ的限流分压电阻，C102进行滤波，VS102为12V稳压二极管，产生12V直流电源。

整流滤波稳压电路产生的12V直流电压通过电阻R103、电容C103、光耦合器E1输出端、电阻R102构成触发回路，电阻R102、R103起限流分压作用，电容C103起抗干扰作用，光耦合器接收到输入信号导通后，在电阻R103上的分压成为双向晶闸管的触发电压。同时光耦合器起着强电回路与弱电回路之间的电气隔离作用，确保整个控制系统弱电回路的安全性。

单片机的 PA7 端口信号通过电阻 R41、反相驱动器 N2、电阻 R101 驱动光耦合器 E1 的发光二极管输入构成信号驱动回路，即单片机 PA7 输出高电平（5V）时，光耦合器导通，输出低电平时光耦关断。电阻 R41 为反相驱动器输入电阻，反相驱动器 N2 起电流放大驱动作用，电阻 R101 串联在光耦发光二极管回路中起限流作用。

电磁阀驱动电路出现故障后会导致电磁阀不动作或动作异常，进而引起某个间室不制冷或温度过低。

该电路常见故障为双向晶闸管和稳压二极管损坏。断电时拔掉 X106 插接器（见图 1-30），测量 1、5 端子之间的电阻应为无穷大，否则说明晶闸管已被击穿。通电状态下用万用表测量稳压二极管 VS102 上的直流电压应为 12V，否则检查整流滤波稳压电路的几个元件。当单片机 PA7 输出（第 20 脚）为高电平时，用万用表测量电阻 R103 两端直流电压应为 10V 左右。否则应为 0V。如有异常，逐级检查信号驱动及触发回路。

11. 双稳态电磁阀信号驱动

传统的电磁阀为电压驱动，电磁阀线圈通电为状态 A，断电则为状态 B，达到切换的目的。对应的单片机驱动也相对简单，即单片机检测电磁阀类型，如果判别为传统电压驱动电磁阀，需要状态 A 时，单片机 PA7 口输出高电平；需要状态 B 时，单片机 PA7 口输出低电平。通过测量电磁阀线圈两端的电压可以很容易判断出电磁阀的状态。

12. 继电器驱动电路

图 1-41 所示为继电器驱动电路，在此仅以压缩机和风扇电动机驱动电路为例。

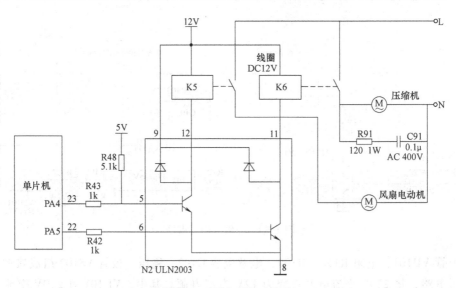

图 1-41　继电器驱动电路

反相驱动器 N2 内部的功能，以图中简化方式表示以方便理解。需要压缩机运行时单片机的 PA5 端口（第 22 脚）输出 5V 高电平，通过反相驱动器 N2 使继电器 K6 线圈通电 12V，继电器 K6 的常开触点动作闭合使压缩机运行，电阻 R91 和电容 C91 串联组成吸收保护电路，避免继电器触点受到损坏（压缩机为感性负载，在断电的瞬间可能产生极高的反向电动势，造成继电器触点损坏）。

其他加热器、照明灯等负载的驱动基本相同，只是没有加吸收保护电路。另外风扇电动机的驱动电路中的电阻 R48 是为实现上电时风扇电动机无条件运转的功能，因为单片机在上电后输出端口初始化之前，PA4 口为高阻状态（可看成开路状态），这时 5V 电源通过电阻 R48 驱动风扇电动机运行。当单片机程序运行向 PA4 口输出低电平时，电阻 R48 和 R43 分压后到反相驱动器 N2 输入端的仍为低电平，风扇电动机不通电。当向 PA4 E1 输出高电平时，到反相驱动器 N2 输入端的为高电平，风扇电动机运转。

继电器驱动电路故障后会造成对应的执行元件不能正常工作，最常见的现象就是某个执行元件（加热器、照明灯、压缩机、风扇等）不受控，一直通电或一直不动作，并相应影响整个电冰箱的功能和性能。

检修继电器驱动电路时，可在断开外连接线时，用万用表测量继电器触点是否粘连，以及测量继电器线圈是否开路。在通电状态下用万用表测量执行元件上的交流电压及对应的单片机输出端口的直流电压，比较状态是否一致，否则逐级检查判断故障点。

【实例 2】 BCD-199W/AK 型风直冷电冰箱单片机输入/输出信号分析

上面对 BCD-199W/AK 型电冰箱控制电路板的各个功能电路进行了分析，这些单元功能电路其实都是围绕着单片机芯片进行工作，快速判断电冰箱故障的方法之一就是直接检测单片机的各个输入/输出端口的状态，对照电冰箱的执行元件的动作及电冰箱的输入信号，判断出电冰箱哪个单元功能电路出现异常，再有针对性地进行检测和维修。例如，风扇电动机不转，检测单片机的 23 脚为 5V 高电平，说明风扇电动机这一路的继电器驱动电路存在问题。

表 1-6 为 BCD-199W/AK 型电冰箱控制板单片机芯片 ST72215G286 的各个引脚的名称和功能。

表 1-6 ST72215G286 的各个引脚的名称和功能

引脚号	引脚名称	引脚功能	相关单元电路
1	RESET	正常运行时高电平,上电延时低电平复位	复位电路
2	OSC1	晶振输入	晶振电路
3	OSC2	晶振输入	晶振电路
4	PB7	输出端口,显示驱动芯片 HT1621D 片选,低电平选中	显示驱动电路
5	PB6	高低电平输入,按键扫描信号输入	按键判别电路
6	PB5	上电时作为输入端口,检测断电 3min 电压信号。平时作为高低电平输出,按键扫描时作为输出端口	断电 3min 检测 按键判别电路
7	PB4	输出端口。片选 93C46 时,传送存储数据;片选 HT1621D 时,传送写入时钟信号;按键扫描时作为输出端口	断电记忆电路 显示驱动电路 按键判别电路
10	PB3	输出端口,片选 93C46 时,传送串行时钟信号;片选 HT1621D 时,传送显示数据;按键扫描时作为输出端口	断电记忆电路 显示驱动电路 按键判别电路
11	PB2	输入端 E1,片选 93CA6 时. 接收存储的数据;在按键扫描时作为按键扫描信号输入	断电记忆电路 按键判别电路

（续）

引脚号	引脚名称	引脚功能	相关单元电路
12	PB1	输出端口,EEPROM 芯片 93C46 片选,低电平选中	断电记忆电路
13	PB0	高低电平输入端口,接收电源相位信号	电源相位检测
14	PC5	高低电平输入端口,接收冷藏门开关信号	门开关输入电路
15	PC4	模拟量电压输入,进行冷冻门开关状态及电磁阀类型判别	电磁阀类型判别
16	PC3	模拟量电压输入,电压值对应冷冻蒸发器感温头温度变化	感温头输入电路
17	PC2	模拟量电压输入,电压值对应冷冻室感温头温度变化	感温头输入电路
18	PC1	模拟量电压输入,电压值对应冷藏蒸发器感温头温度变化	感温头输入电路
19	PC0	模拟量电压输入,电压值对应冷藏室感温头温度变化	感温头输入电路
20	PA7	输出端口,电磁阀驱动信号	电磁阀驱动电路
21	PA6	输入端口,在按键扫描时作为按键扫描信号输入	按键判别电路
22	PA5	输出端口,压缩机驱动信号,高电平时压缩机运行	继电器驱动电路
23	PA4	输出端口,风扇电动机驱动信号,高电平时风扇电动机运行	继电器驱动电路
26	PA3	输出端口,除霜加热器驱动信号,高电平时加热器通电	继电器驱动电路
27	PA2	输出端口,接水槽加热器驱动信号,高电平时加热器通电	继电器驱动电路
28	PA1	输出端口,照明灯驱动信号,高电平时照明灯亮	继电器驱动电路
31	VSS	芯片电源地	
32	VDD	芯片电源正端(5V)	

注：8、9、24、25、29、30 脚均为空脚。

简答题

1. 简述电冰箱电动机常用的起动电路。

2. 如何判断压缩机单相电动机的接线端子？

3. 简述电冰箱化霜定时器的工作原理。

4. 简述电冰箱化霜温度控制器的工作原理。

5. 简述电冰箱微处理器控制电路的主要构成。

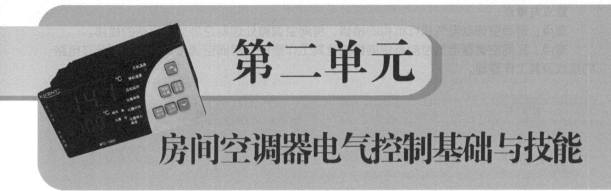

第二单元

房间空调器电气控制基础与技能

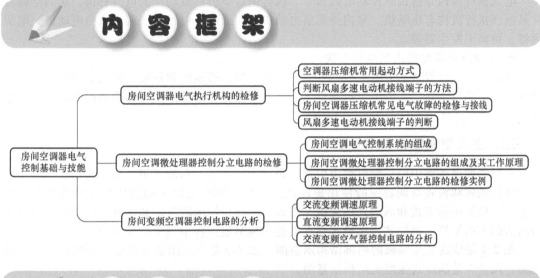

内 容 框 架

房间空调器电气控制基础与技能
- 房间空调器电气执行机构的检修
  - 空调器压缩机常用起动方式
  - 判断风扇多速电动机接线端子的方法
  - 房间空调器压缩机常见电气故障的检修与接线
  - 风扇多速电动机接线端子的判断
- 房间空调微处理器控制分立电路的检修
  - 房间空调电气控制系统的组成
  - 房间空调微处理器控制分立电路的组成及其工作原理
  - 房间空调微处理器控制分立电路的检修实例
- 房间变频空调器控制电路的分析
  - 交流变频调速原理
  - 直流变频调速原理
  - 交流变频空气器控制电路的分析

学 习 引 导

目的与要求

1. 能指出判断房间空调器压缩机接线端子的方法，能指出空调器压缩机常用起动方式，能指出判断风扇多速电动机接线端子的方法。

2. 能按要求完成房间空调器压缩机接线端子的判断，能按要求完成房间空调器压缩机常见电气故障的检修与接线；能按要求完成风扇多速电动机接线端子的判断。

3. 知道房间空调电气控制系统的组成，能指出房间空调微处理器控制分立电路的组成及其工作原理。

4. 能按要求完成房间空调器电气控制系统电量的测量，能按要求完成房间空调微处理器控制分立电路的检修。

5. 知道交流、直流变频调速原理，能说出变频空调器的特点。

6. 能按要求完成交流变频空调器控制电路的分析。

重点与难点

重点：房间空调器电气执行机构的检修，房间空调微处理器控制分立电路的检修。

难点：房间空调器电气控制系统的组成及其工作原理，房间空调微处理器控制分立电路的组成及其工作原理。

课题一　房间空调器电气执行机构的检修

相关知识

一、制冷设备常见的电气执行机构及控制系统

1. 制冷设备常见的电气执行机构

电气执行机构是指接收控制电路指令、执行最后一级机械动作的电气机构。房间空调器常见电气执行机构有压缩机、室内外风扇电动机、四通阀、电子膨胀阀、风向电动机、电加热器、负离子发生器等。

2. 制冷设备常见的电气控制系统

制冷设备或装置常见的电气控制系统有3种类型：机械控制系统、微电子控制系统和微处理器控制系统。其中，微电子控制系统与微处理器控制系统的主要区别是：电路板没有可编程的芯片。

二、房间空调器常用的压缩机

小型空调设备常用的压缩机种类包括旋转式、活塞式、涡旋式等。在房间空调器中，小型分体挂壁式和窗式空调器一般使用旋转式压缩机，3HP及以上的落地柜式和其他形式的空调器一般使用活塞式和涡旋式压缩机。随着制冷模块技术的发展和涡旋式压缩机的制冷能力向大的方向发展，涡旋式压缩机也正在被越来越多地用在中型制冷设备中。

图2-1是旋转式压缩机的内部结构示意图，图2-2是全封闭活塞式压缩机的内部结构示意图，图2-3是涡旋式压缩机结构示意图。

三、判断压缩机单相电动机接线端子的方法

1. 压缩机单相电动机的接线柱

测量接线柱是检测压缩机电动机好坏最基本的一步。压缩机电气检测一般是测量其电动机绕组的直流阻值。作为全封闭式压缩机，其接线端子也称接线柱，接线柱与壳体之间的绝缘层采用玻璃或陶瓷烧结而成，如图2-4所示。房间空调器接线柱端子一般为3个；也有一些采用5个接线柱的压缩机，其中两个接线柱连接内部的内埋式过热保护器。

2. 压缩机单相电动机接线柱的测量

压缩机单相电动机接线柱通常为3个，上面可能分别标有M（或R）、S、C字样，如图2-5所示。M（或R）表示运行端子，S表示起动端子，C表示公共端子。

3. 判断压缩机单相电动机接线端子的方法

由于压缩机单相电动机起动绕组线圈的线径细、匝数多，所以直流电阻值大、功率小；而运行绕组（工作绕组）线圈的线径粗、匝数少，故直流电阻值小、功率大。测量压缩机单相电动机绕组时，用万用表"R×1"档把压缩机3个接线柱之间的直流阻值各测一遍，测得两个接线柱之间直流阻值最大时，所对应的另一根没有测量的接线柱为公共端子，然后以公共接线

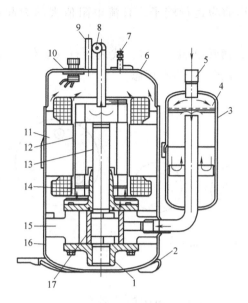

图 2-1　旋转式压缩机的内部结构示意图

1—气缸盖　2—安装底脚　3—吸入消声器　4—滤网
5—吸入管　6—壳体　7—流程管　8—排出管
9—直杆　10—接线端子　11—定子　12—转子
13—曲轴　14—框架　15—汽缸
16—下壳体　17—滚动活塞

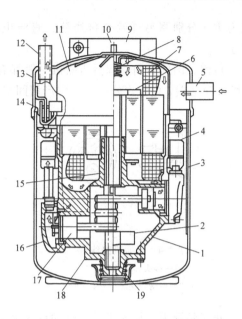

图 2-2　全封闭活塞式压缩机的内部结构示意图

1—曲轴箱　2—曲轴　3—下泵壳　4—排出消声器
5—吸入管　6—转子　7—定子线圈　8—上弹簧
9—端子箱　10—吊具　11—电动机壳　12—排出管
13—上泵壳　14—横弹簧　15—上轴承　16—气缸盖
17—活塞连杆机构　18—支承架　19—下弹簧

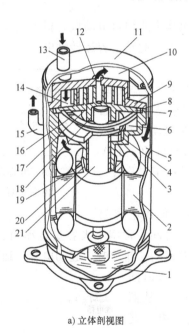

a) 立体剖视图

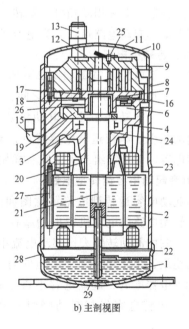

b) 主剖视图

图 2-3　涡旋式压缩机结构示意图

1—储油槽　2—电动机定子　3—主轴承　4—支架　5—壳体腔　6—背压腔　7—动涡盘　8—气道　9—静涡盘
10—高压缓冲腔（壳体腔）　11—封头　12—排气孔口　13—吸气管　14—吸气腔　15—排气管　16—十字环
17—背压孔　18、20—轴承　19—大平衡块　21—主轴　22—吸油管　23—壳体　24—轴向挡圈
25—止回阀　26—偏心调节块　27—电动机螺钉　28—底座　29—磁环

柱为主,分别测另外两个接线柱,直流电阻值小的为运行端子,直流电阻值大的为起动端子。

目前,国外房间空调器压缩机一般都有标志,通常以 M(或 R)代表运行(工作)端,S 代表起动端,C 代表公共端。国产房间空调器压缩机不一定有标志。

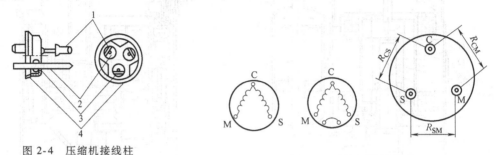

图 2-4　压缩机接线柱

1—接头　2—接线柱

3—玻璃或陶瓷绝缘层　4—外罩

图 2-5　压缩机接线端子

正常情况下,压缩机单相电动机 3 个接线端子之间的直流电阻值关系为

　　总阻值＝运行绕组阻值＋起动绕组阻值;起动绕组阻值＞运行绕组阻值

即

$$R_{SM} = R_{CM} + R_{CS};\ R_{CS} > R_{CM}$$

四、房间空调器压缩机单相电动机常用的起动电路

房间空调器一般采用单相电容运转式异步电动机作为压缩机电动机。根据起动方式的不同,单相电动机起动电路可以分为电容运转型电路、电容起动电容运转型电路。

1. 电容运转型电路

电容运转型电路示意图如图 2-6 所示。使用电容运转型电路的电动机输出功率在 400～1100W 之间,常用于小功率空调器。电动机在起动时,起动转矩小,电动机效率高且无需起动继电器,只需在起动绕组上串接运转电容就可达到电容分相的目的。工作时,运转电容、起动绕组和主绕组一样始终在通电情况下工作。

图 2-6　电容运转型电路示意图

2. 电容起动电容运转型电路

电容起动电容运转型电路示意图如图 2-7 所示。使用电容起动电容运转型电路的电动机输出功率在 100～1500W 之间,常用于大容量电冰箱、电冰柜、空调器等。它的起动转矩大、起动电流小、电动机效率高。起动时,起动电容、运转电容都串入起动绕组,主绕组、起动绕组同时通电工作。一段时间后,起动继电器断开,起动电容不再与起动绕组串接,从而退出工作。运转电容仍与起动绕组串联,并与主绕组一起工作。

电容运行式电动机比电容起动式电动机更加优越,因为电容运行的电动机相对转矩大、功率因数高,电动机效率也较高。使用压缩机单相电动机的空调机都采用电容运行,而电冰箱则因功率较小,多半只是电容起动。

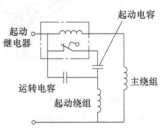

图 2-7　电容起动电容运转型电路示意图

五、房间空调器常用的电动机

1. 电动机的分类与应用场合

电动机是空调设备中的重要电气部件之一。空调设备常用电动机的作用主要有：带动风扇旋转，通过空气的强制对流加强换热效果；加强室内冷/热空气的流动；带动风摆以改变冷/热空气的气流方向；用于换新风；作为多联机室内机冷凝水的抽水泵；作为水冷式中央空调机和热泵热水机驱动水泵。

按电动机的运行原理分，空调设备所使用的电动机包括三相电动机、单相电动机、同步电动机、直流电动机和步进电动机5种。三相电动机一般用于中央空调机、冷库中，用于驱动较大功率的风扇或水泵。单相电动机的功率较小，一般用于房间空调器的室内、外风扇电动机上，单相电动机也常用于换新风装置中。步进电动机主要用于分体空调器室内机的风摆驱动。同步电动机多用于房间窗机和柜机的风摆中，以改变室内侧冷/热风的气流方向，同步电动机也用于风冷电冰箱中的冷冻室散冷。直流电动机主要用于直流变频空调器室内机风扇电动机的调速上。

2. 房间空调器常用单相电动机

房间空调器常用的单相电动机有多速电动机、步进电动机和同步电动机等。

（1）多速电动机（抽头电动机）多速电动机一般用于房间空调器的室内、外风机（风扇电动机）检测，也常用于换新风装置中。其绕组由运行绕组、起动绕组和中间绕组（调速绕组）构成，通常用中间绕组来改变运行绕组和起动绕组的有效匝数比，达到调速目的。图2-8是多速电动机的绕组示意图，它可分为L形、T形两种接法。

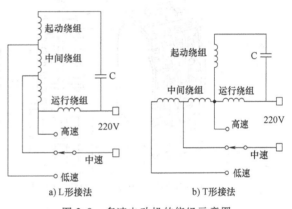

图2-8　多速电动机的绕组示意图

（2）步进电动机　步进电动机是一种将电脉冲信号，转换成机械装置直线位移或角位移的执行元件，即外加一个脉冲信号时，电动机就运动一步。步进电动机常作为分体空调器室内导风电动机，或作为电子膨胀阀电动调节驱动，主要用于分体空调器室内机的风摆驱动。步进电动机结构如图2-9所示。

（3）同步电动机　同步电动机具有恒定不变的转速，即转速不随电压与负载大小而变化。同步电动机结构简单、体积小、重量轻、损耗小、效率高，多用于室内机出风栅摇风装置上，以改变室内侧冷/热风的气流方向。同步电动机也用于

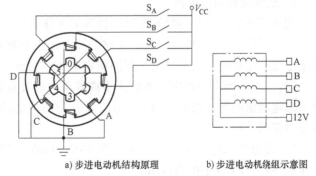

图2-9　步进电动机结构示意图

风冷电冰箱中的冷冻室散冷。

六、交流接触器的选用

接触器是一种常见的低压自动控制电器，是控制电路中最主要的电器元件之一，常用来接通或断开电动机或电加热器等大电流回路。在空调设备中，大多应用在大型立柜式及商用中央空调机电路里，也常用于冷库、中央空调机及中大型的热泵热水器的控制电路。

按其主触点通过电流的种类不同，可分为交流接触器和直流接触器。直流接触器主要用于直流电路中直流电动机开启控制，如直流变频空调器。

1. 交流接触器的结构特点与工作原理

图2-10为交流接触器的外形、结构示意图和符号，交流接触器主要由电磁机构、触点系统和灭弧装置3个部分组成。电磁机构由线圈、动铁心（衔铁）、静铁心组成。铁心用硅钢片叠压铆成，大多采用衔铁直线运动的双E形结构，其端面的一部分套有短路铜环，以减少衔铁吸合后的振动和噪声。

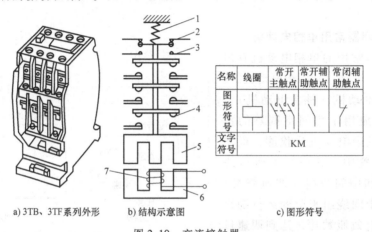

a) 3TB、3TF系列外形　　b) 结构示意图　　c) 图形符号

图 2-10　交流接触器

1—弹簧　2—常闭辅助触点　3—常开辅助触点　4—常开主触点　5—动铁心　6—静铁心　7—线圈

交流接触器的工作原理是利用电磁力与弹簧弹力相配合，实现触点的接通和断开。

2. 交流接触器的选用

交流接触器选用时一般要注意选择线圈工作电压、触点、额定工作电流。

1）接触器的选择应根据控制电路的要求，正确地选用控制对象的电流类型、主触点的额定电压、主触点的额定电流、线圈额定电压、触点数量和是否具备插接组合功能等。

2）主电路触点的额定电流应大于或等于被控设备的额定电流，控制电动机的接触器还应考虑电动机的起动电流。为了防止频繁操作的接触器主触点烧蚀，频繁动作的接触器额定电流可降低使用。

3）接触器的电磁线圈额定电压有36V、110V、220V、380V等，电磁线圈允许在额定电压的80%~105%范围内使用。

3. 交流接触器在空调器中的应用

图2-10为3TF系列交流接触器在5HP柜式空调器中的应用。该接触器为交流50Hz或60Hz，额定绝缘电压为690~1000V，在AC-3使用类别下额定工作电压为380V时的额定工

作电流为 9~400A，主要供远距离接通及分断电路之用，适用于控制中大型空调设备压缩机电动机的起动、停止。

图 2-11 中，三相电源经过交流接触器和热继电器接到压缩机的 3 个接线柱上。交流接触器的线圈相线受控于室内电路板继电器，其常闭触点接压缩机曲轴箱加热器，当 3 对主触点闭合压缩机工作时，常闭触点断开，停止加热器通电。

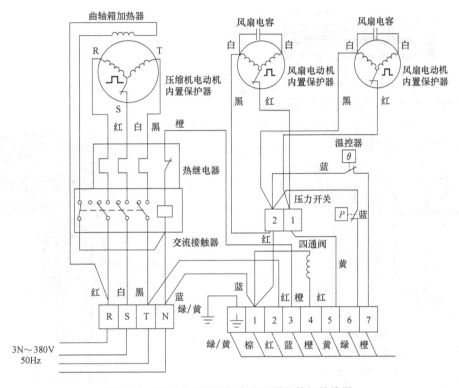

图 2-11 KFR-120W/M 柜式空调器室外机接线图

七、空调器常见的四通阀

四通电磁换向阀简称四通阀。热泵型制冷装置一般用四通电磁换向阀来切换制冷剂流向。如热泵空调器采用四通阀进行制冷与制热的转换，实现制热功能；热泵热水机使用四通阀进行制热水过程中的除霜。四通阀的外形如图 2-12 所示，其结构示意图如图 2-13 所示（四通阀处于制冷状态）。四通阀由先导阀和阀体两部分组成。

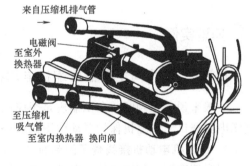

图 2-12 四通电磁换向阀的外形

八、空调器常见的电子膨胀阀

为获得比以往控制范围更宽广、调节反应快的高精度的节流装置，近几年来研制出了使用电子控制的膨胀阀，也称电子膨胀阀。电子膨胀阀主要应用在变频空调器中，它能适应高效率和制冷/制热流量的快速变化。电子膨胀阀有多种形式，常见的有步进式电子膨胀阀。

步进式电子膨胀阀的结构如图 2-14 所示。以控制电动机的转动来控制阀门的开启度，从而控制制冷剂的流量。目前常采用四相脉冲直动型电子膨胀阀。当控制电路的脉冲电压按一定的逻辑顺序输入到电子膨胀阀电动机各相线圈上时，电动机转子受磁力矩作用产生旋转运动，通过减速齿轮组传递动力，经传递机构，带动阀针逐步地做直线移动，改变阀口开启大小，从而实现自动调节工质流量，使制冷系统保持最佳状态。

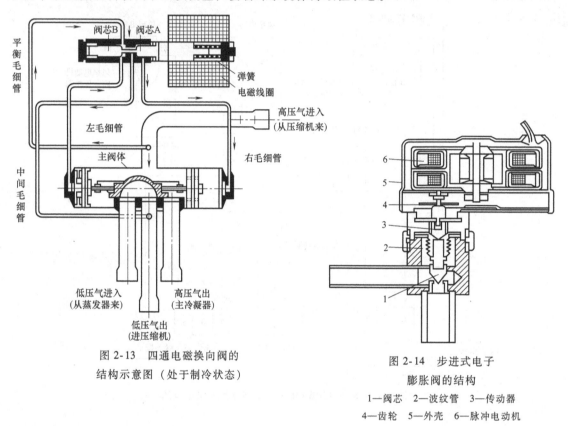

图 2-13　四通电磁换向阀的
结构示意图（处于制冷状态）

图 2-14　步进式电子
膨胀阀的结构

1—阀芯　2—波纹管　3—传动器
4—齿轮　5—外壳　6—脉冲电动机

典型实例

【实例 1】房间空调器压缩机电动机故障的判断

一般来说，在判断一台压缩机是否应该报废前，必须进行下述电气部分的检测：压缩机绝缘电阻测试、压缩机保护器动作测试、压缩机接线顺序确认、绕组电阻测试。

1. 压缩机电动机接线端子的判断

正常情况下，压缩机单相电动机 3 个接线端子之间的直流电阻值关系为：总阻值＝运行绕组阻值+起动绕组阻值，起动绕组阻值>运行绕组阻值。即：$R_{SM} = R_{CM} + R_{CS}$，$R_{CS} > R_{CM}$。

例如，对于具体绕组接线端子的判断，可按以下步骤进行：

1）在测量之前，可先分别在每根接线柱附近标上 1、2、3 的记号，然后用万用表 "R×1" 档分别测量 1 与 2、2 与 3、3 与 1 三组接线柱之间的直流电阻值，测量得到的直流阻值如图 2-15 所示。

2）由图 2-15 可知，2 与 3 之间的直流阻值最大，为 45Ω，是运行绕组和起动绕组的直流阻值之和，说明另一接线柱 1 为运行绕组与起动绕组的公共端 C。1 与 3 之间的直流电阻值是 33Ω，为中间阻值，是起动绕组的电阻值，说明接线柱 3 是起动绕组的引出端 S；1 与 2 之间的直流电阻值是 12Ω，为最小电阻，是运行绕组的电阻值，说明接线柱 2 为运行绕组的引出端 M。

2. 压缩机电动机故障的判断

在测量绕组直流电阻值时，若测得电阻值为无穷大，则说明绕组断路。绕组断路时，电动机不能起动运转。如果只有一个绕组断路，电动机也无法起动运转，并且电流很大。热保护继电器的触点被烧坏或电动机运转时产生振动，都可能导致电动机内引线烧断、折断或内插头脱落，表现为绕组断路。

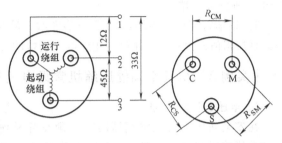

图 2-15　测量得到的三组接线柱之间的直流电阻值

在测量绕组直流电阻值时，若测得的电阻值比规定的小得多，则说明绕组内部短路。若两绕组的总直流电阻值小于规定的两绕组直流电阻值之和，则说明两绕组之间存在着短路。电动机绕组出现短路时，依短路的程度不同而现象各异。压缩机电动机出现短路后，不论能否起动运转，其通电后的电流都较大，而且压缩机的温升也很快。

3. 压缩机电动机绝缘电阻的测量

（1）测量方法　在测量全封闭压缩机电动机绕组直流电阻值的同时，还必须测量压缩机电动机绕组的绝缘电阻。其测量方法是：将绝缘电阻表的两根测量线接于压缩机的引线柱和外壳之间。用 500V 绝缘电阻表进行测量时，其绝缘电阻值应不低于 2MΩ。若测得的绝缘电阻低于 2MΩ，则表示压缩机的电动机绕组与铁心之间发生漏电，不能继续使用。若无绝缘电阻表，也可用万用表电阻档的"R×10k"档来进行测量和判断。在测量时，不能让手指碰到万用表的表笔上，以免出现错误的读数。

（2）绝缘性能不良的原因　造成压缩机电动机绝缘性能不良有以下几种原因：

1）电动机绕组绝缘层破损，造成绕组与铁心局部短路。

2）组装或检修压缩机时因装配不慎，致使电线绝缘受到摩擦或碰撞，又经冷冻油和制冷剂的侵蚀，导线绝缘性能下降。

3）因绕组温升过高，致使绝缘材料变质、绝缘性能下降等。

若压缩机电动机出现绝缘性能不良，最好更换相同型号、规格的压缩机。

【实例 2】 房间空调器风扇电动机故障的判断

风扇多速电动机接线端子的判断

以 L 形接法的多速电动机为例，其内部接线如图 2-16 所示。可用万用表的电阻档，对风扇多速电动机各个端子之间的直流阻值进行测量，即可以判别其好坏以及各端子的功能。具体操作如下：

1）首先在各个端子之间找出直流阻值最大的两个端子，并标明 A 和 B。

2）以 A 端子为固定端，测量其与其他端子之间的直流阻值，找出直流阻值最小的 D 端。

3）以 B 端子为固定端，测量其与其他端子之间的直流阻值，找出最小直流阻值的 C 端。

4）比较 C 与 D，其中直流阻值更小的端子为此调速电动机的高速抽头端，与此端子相连的端子（A 和 B 中的一个）即为此调速电动机的运行绕组（主绕组）端，A 和 B 中的另一个则为起动绕组（副绕组）端。

5）以运行绕组（主绕组）端为基准端，测量其与其他端子之间的直流阻值，由小至大排序，相应的电动机的转速则由快至慢。

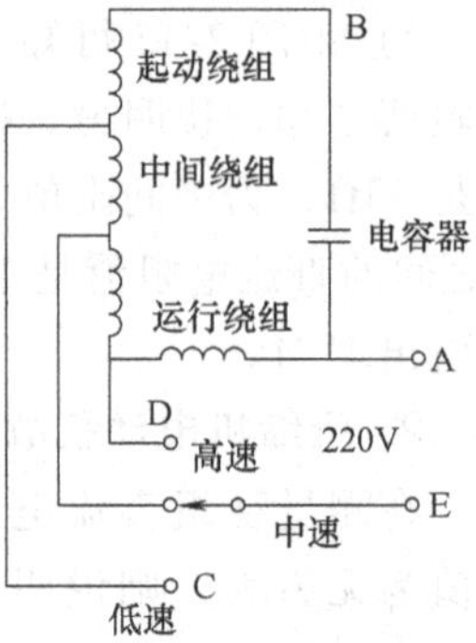

图 2-16 L 形接法多速电动机的内部接线

【实例 3】房间空调器压缩机常见电气故障的检修

1. 电压条件的检测

在安装新压缩机或空调器时，必须预先检测是否有欠电压现象。在压缩机起动时，即（C-R）电路之间负荷最大时必须有正常的电压值。如果不能接近压缩机的端子，可以选择靠得最近的点进行测量，正常电压值＝额定电压（1±10%）。

2. 运行电容器的检测

在已经运行一段时间的使用单相压缩机制冷设备的电路中，运行电容器是与起动绕组串联相接的。压缩机起动电容故障比较常见，包括击穿断路、由于漏电导致的电容值下降（俗称电容失效）等，导致压缩机不转（电容断路）或间歇性运行（失效导致电动机过热保护）。电容器的检测项目如下：绝缘电阻检测、短路试验、开路试验、电容值测试和电容的充放电试验等。

例如，首先识别电容器的型号与规格，房间空调器压缩机用的起动电容器和运行电容器通常为交流无极性电容器，它有两个指标，一是电容量，二是耐压。

测量时，应先将电容器两端用导体（如螺钉旋具）短接一下，让其放电完毕，然后用万用表的"R×1k"或"R×10k"档测量电容器的两端，观察其充放电的情况。对容量较大的电容器，将有较大的充电电流，故指针有较大的偏转，甚至出现"打针"，但由于放电会使指针很快返回。

若指针一开始就满偏到 0，之后不返回说明该电容器已短路；若无偏转停留在 ∞ 处，说明已开路；若返回到中途停住了，说明有较大的漏电阻，性能不好。对于大容量的电容器可将万用表切换到较小的电阻档位上进行测量，以避免出现"打针"现象。

3. 压缩机不起动常见的电气故障原因

压缩机不起动常见的电气故障原因见表 2-1。

表 2-1 压缩机不起动常见的电气故障原因

故障产生部位	可能产生故障的原因
电源	1. 电源开关没接通 2. 熔丝熔断 3. 电压过低
接线	接线不良或线断了
控制装置	1. 温度调节器动作 2. 保护装置（排气温度、高低压压力开关）动作 3. 三相电源断相 4. 三相电源反相
压缩机	1. 内部温控器动作 2. 电动机烧坏（线圈断线或者匝间短路）

【实例4】房间空调器压缩机的接线

图2-17为使用220V单相交流电空调器接线图，在压缩机接线部分中，电容为起动兼运行电容，相线一路直接接运行绕组R端，另一路通过电容后接S端，之后经公共端C回中性线。

图2-18为使用380V三相交流电空调器接线图，在压缩机接线部分中，已经没有电容了，通过交流接触器控制，直接与压缩机的T、S、R接线端子连接，这时三相接线的顺序要严格按厂商的接线要求接线，通常电控系统由相序保护装置保护，以防止压缩机反转。

【实例5】房间空调器电动机常见电气故障的检修

1. 电动机绕组开路或短路

开路故障表现为电动机不运转。用万用表电阻档测量。先找出公共端（通常生产厂商在电动机外壳上标有电动机接线图），分别测量其他端子和公共端之间的电阻值。如果为∞，则说明电动机绕组断路。绕组阻值的规律是：

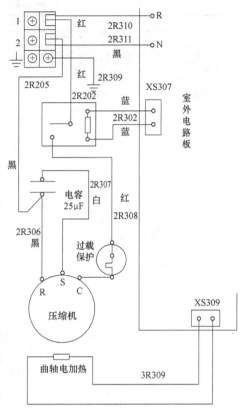

图2-17　单相交流电空调器接线图

运行绕组（主绕组）的阻值小于起动绕组（副绕组）的阻值，大功率电动机的阻值小于小功率电动机的阻值，三相电动机的3个绕组的阻值相等，同步电动机和步进电动机的阻值比较大，一般为几百欧。短路故障表现为上电跳闸或烧断熔丝。用万用表电阻档测量时，绕组的阻值比正常时小，甚至为零。

1）脉冲步进电动机绕组检测。脉冲步进电动机正常时，公共端与其他4根引线之间应有200~300Ω电阻，其相与相引出线之间应有400~600Ω电阻。如测量结果与上述值不同，说明脉冲步进电动机绕组损坏，此时采用更换新件的方法进行维修。步进电动机电压为直流12V，如步进电动机绕组正常，其故障一般多为内部齿轮机构损坏。表2-2为部分空调器使用的步进电动机参数值。

2）同步导风电动机检测。同步导风电动机绕组线径较细，所以电阻值较大，一般在几百欧。其主要故障为绕组断路、短路、内部机械卡死。

2. 电动机漏电

此种故障表现为设备机壳带电。一般情况下，可用万用表电阻档测量电动机机壳与任何端子之间的接地电阻，正常时电阻为∞；有时用此种方法不能判断时，可用绝缘电阻表测量任一绕组和机壳之间的绝缘电阻值，正常情况下，其绝缘电阻值应大于2MΩ。特殊情况为：电动机在冷态时不漏电，但在运转变热时就会因为受热绝缘变差而漏电，此种情况需要在热态检测。

表 2-2　步进电动机参数

项　目	质量特性			检测工具或方法
	DGB-02	DGB-08	DCB-05	
绕组电阻	200(1±7%)Ω	170(1±7%)Ω		万用表电阻档测量
转矩	≥3.5N·cm	≥6N·cm	≥25N·cm	转矩仪测量
绝缘电阻	≥100MΩ		≥500MΩ	在绕组对机壳及绕组间用绝缘电阻表测量(500V档)
抗电强度	300V,1min,无击穿和闪络		1500V,1min,无击穿闪络	在绕组对机壳及绕组间用工频耐压机试验
噪声	≤40dB			耳听对照比较

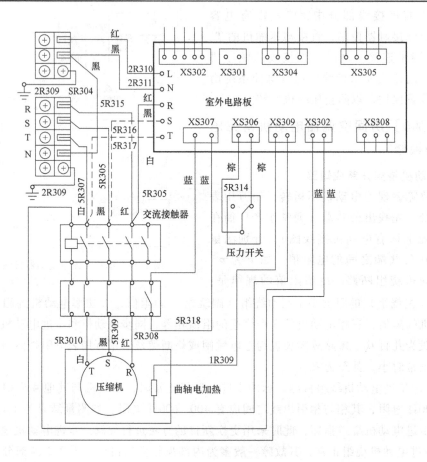

图 2-18　三相交流电空调器接线图

3. 电动机内置过载保护器损坏

此种故障表现为电动机不运转。有些电动机内部装有过载保护器,当电动机过热或运行电流过大时,过载保护器跳开保护。如果出现反复保护,则需要更换电动机。步进电动机的参数见表2-2。

4. 电动机转速过低

电动机出厂要测量其参数,其中转速的误差也做了规定,但个别电动机的速度可能低于下限值,可能是空调器的控制电路出现故障。

5. 电动机温升过高

电动机温升过高，时间长了，会使电动机的定子绕组因过热而损坏绝缘，影响电动机的使用寿命。空调器电动机产生这种故障的主要原因是排气压力过高、电动机通风条件差、环境温度太高等。

6. 单相电动机运行电容漏电或失效

电容漏电或失效会造成电容的容值减小或为零，导致电动机不转或过热保护，长时间运转会烧坏电动机。用万用表电阻"R×100k"档测量其电阻值，正常时为回摆至∞。

7. 电动机端子接触不良

小型空调设备的电动机连线为插线端子，步进电动机、同步电动机等为排插，这些端子和排插很容易接触不良或氧化增加接触电阻，应仔细检查。

【实例6】房间空调器电动机的接线

图2-19所示为房间空调器室内风扇电动机和风向同步电动机接线图，由图2-19可见，空调设备电动机接线全部由排插插接，比较简单方便。一般小型空调设备的微处理器控制电路系统全部采用这种接线方式。

图2-20所示为房间空调器室外电动机接线图，采用插线端子和接线柱的方式接线。

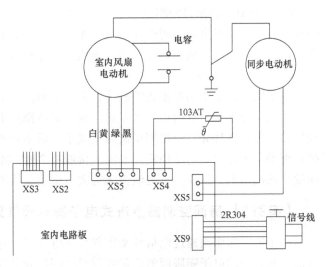

图2-19　室内风扇电动机和风向同步电动机接线图

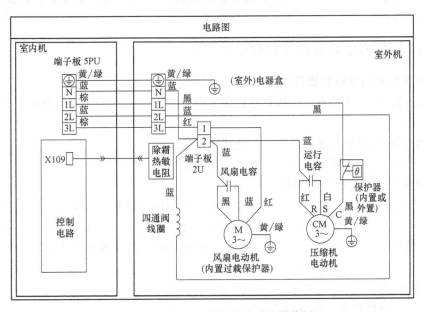

图2-20　房间空调器室外电动机接线图

【实例7】 房间空调器四通阀常见电气故障的检修

1. 四通阀不换向

对于四通阀不换向的故障，首先要检查有无 220V 的电源供电，正常接线时，其两根导线有一根相线和一根中性线。四通阀通电时，触摸电磁线圈外壳应有温感，并有振动；不通电时，触摸电磁线圈外壳应无温感，也无振动。其次，在断电情况下用万用表"R×1k"档检测电磁线圈绕组是否正常。电磁阀电磁线圈的直流电阻值随型号的不同而不同，一般阻值为 700~1400Ω。若测得的阻值为 0，则说明线圈短路；若测得的阻值为无穷大，则说明线圈断路。线圈短路通电时，阀壳烫手且无振动；断路通电时，常温无反应。线圈短路、断路时电磁阀均失去换向功能，可更换四通阀线圈排除故障。

2. 电磁线圈烧坏

对于空调器冬季制热不正常故障，先将空调器调节到制热模式下运行，发现压缩机和风扇电动机运转正常，室内机送风不热，调至制冷模式下试机，供冷气正常，由此判断为电磁阀故障。停机拆外壳，开机调至制热模式下，听不到四通阀换向声，触摸电磁线圈外壳无温感及振动。用万用表电压档测其电源引接线有 220V 输入。断电后，用电阻档测电磁线圈接线端子两端电阻，发现其电阻值为无穷大。更换新线圈，试机运行正常，故障排除。

【实例8】 房间空调器步进式电子膨胀阀常见故障的检修

由于电子膨胀阀通过电信号来控制步进电动机，进而控制阀门的开启度，从而控制制冷剂的流量，因此电子膨胀阀的流量控制只受阀门开启度的影响，而与冷凝压力和蒸发压力无关。电子膨胀阀的常见故障有：密封系统泄漏，传动系统卡阻、堵塞，其故障现象和检修方法与热力膨胀阀相同；若插电后有"咯嗒"的响声，则表明电子膨胀阀正常；若没有响声，或在制冷时膨胀阀在压缩机工作后便开始结霜，则应检测其线圈及供电是否正常。如线圈出现故障，可从电子膨胀阀上取下线圈，进行检测修理或更换。当修复或安装更换的线圈时，先将线圈上部的凸部与电子膨胀阀上的凹部对准。

【实例9】 房间空调器交流接触器的检修

1. 交流接触器的运行检查与维护

1）通过的负荷电流是否在接触器额定值之内，若负荷电流不超过接触器额定值，应当立即进行更正。

2）接触器的分合信号指示是否与电路状态相符。

3）运行声音是否正常，有无因接触不良而发出的放电声。

2. 各部件工作状态检修与维护

1）电磁线圈。电磁线圈有无过热现象，电磁铁的短路环有无异常。并分别检测：测量线圈绝缘电阻（注意：检查电阻时要在断电状态下进行测量），如出现电阻无穷大或为 0 时，说明电磁线圈故障。对于小型空调设备，如确定是线圈故障都是更换同型号的交流接触器。

2）灭弧罩。检查灭弧罩有无松动和破损情况，灭弧罩位置有无松脱和位置变化，对灭弧罩缝隙内的金属颗粒及杂物进行清理。

3）主、辅助触点。检查主、辅助触点位置是否对正，三相是否同时闭合，如有问题应调节触点弹簧。检查触点磨损程度，磨损深度不得超过 1mm。触点有烧损，开焊脱落时，需及时更换；轻微烧损时，一般不影响使用。清理触点时不允许使用砂纸，应使用整形锉。

测量相间绝缘电阻，阻值不低于 10MΩ。检查辅助触点动作是否灵活，触点行程应符合规定值，检查触点有无松动脱落，主、辅助触点有无烧损情况，发现问题时，应及时修理或更换。

4）铁心部分维护。清扫灰尘，特别是运动部件及铁心吸合接触面间。检查铁心的紧固情况，铁心松散会引起运行噪声加大。铁心短路环有脱落或断裂要及时修复。

 房间空调微处理器控制分立电路的检修

相关知识

一、房间空调器电气控制系统的整体认识

某品牌房间空调电气控制系统的组成如图 2-21 所示。

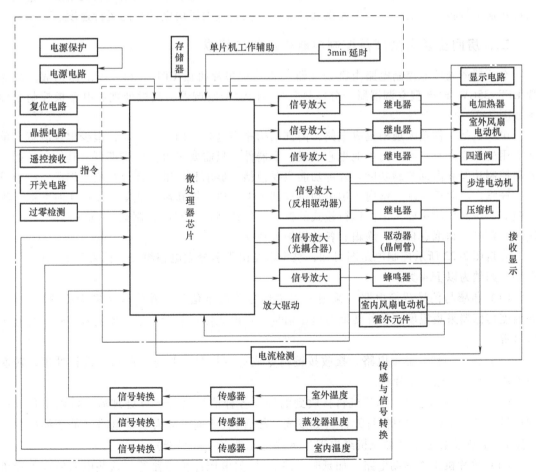

图 2-21　某品牌房间空调电气控制系统的组成

1. 电源进入路径

观察空调器电气控制系统接线及电路板实物可知，电源相线借用压缩机驱动继电器的一个插脚进入（压缩机的控制相线则由另一个插片控制），通过焊接在电路板的下脚接熔丝去室外风扇电动机、四通阀及电加热器的继电器；电源中性线则直接焊接在电路板上；同时，电源通过变压器一次侧插座，经变压器降压后去二次侧插座，给整个电路板提供电源。

2. 电路板外围输出/输入接口

（1）驱动信号输出　驱动信号输出包括强电和弱电两部分。①强电驱动输出：根据空调器的运行状况，微处理器电路板将分别发出驱动指令，驱动压缩机、室外风扇电动机、四通阀及室内电加热器的控制继电器开合，进而驱动这些电气执行机构的运转。②弱电驱动输出：电路板发出弱电脉冲驱动信号给风向电动机接线座，使风向电动机运转。微处理器 IC 通过接线排驱动指示灯。

（2）弱电信号输入　室外机除霜感温探头、室内机蒸发器和室内回风感温探头分别将温度变化转换为电压变化，并以电位的形式输送给微处理器进行逻辑运算比较后，再输出控制信号，控制空调器外风扇电动机、四通阀及室内电加热器的控制继电器。遥控接收与指示电路板通过连接接线排，将遥控指令信号输送给微处理器，以设定空调器的运行模式。

室内电动机转速通过埋藏在电动机内部的霍尔元件，通过室内风扇电动机速度采集接线座将转速信号转化为电位信号送入微处理器，以控制室内风扇电动机的运行速度。

二、房间空调微处理器控制电路板电路的组成

空调器微处理器控制电路由微处理器（也简称单片机或 CPU）和外围电路构成。某品牌 KFR-35GW/EQF 型空调器属于分体热泵强力除湿型空调器，其微处理器电路板控制原理图如图 2-22 所示。

单片机是一种超大规模集成电路，内部结构相当复杂，但非常可靠，很少出现故障。单从应用的角度来看，可以简单地把它看成一个器件，只需要了解其引脚即可，其控制功能分外部控制功能和内部控制功能。外部功能主要包括：显示和按键、红外接收与编程、机型设置、蜂鸣、风向板控制、室内风扇电动机控制、电加热、换新风、通信、模拟实时数据采集功能等；内部功能主要指不同运行模式的控制，包括制动、制冷、制热、3min 延时、除湿、送风、定时、睡眠、自检、除霜、各种保护等功能。

分析图 2-22 所示控制电路图可知，整个电路由很多分立电路组成，见表 2-3。这些分立电路可归纳为以下 4 类：

（1）传感与信号转换电路　采集非电量信号或电量信号，并将其转换为模拟电压量，如温度传感器采集温度信号并转换为电压信号、过电流保护装置采集电流信号并转换为电压信号等。

（2）指令与接收显示电路　接收按键指令或遥控指令，并对这些指令进行处理，转换为电压信号后，给到单片机。

（3）放大驱动电路　单片机将接收到的外界各种信号进行运算处理后，再发出各种控制信号，直接驱动小功率执行元件（如发光二极管），或通过放大驱动电路（如压缩机驱动电路），去驱动继电器（如风机继电器）或执行元件（如蜂鸣器）。

（4）单片机工作辅助电路　如延时电路、过/欠电压保护电路等，这些电路保证单片机安全、有序和正常工作。

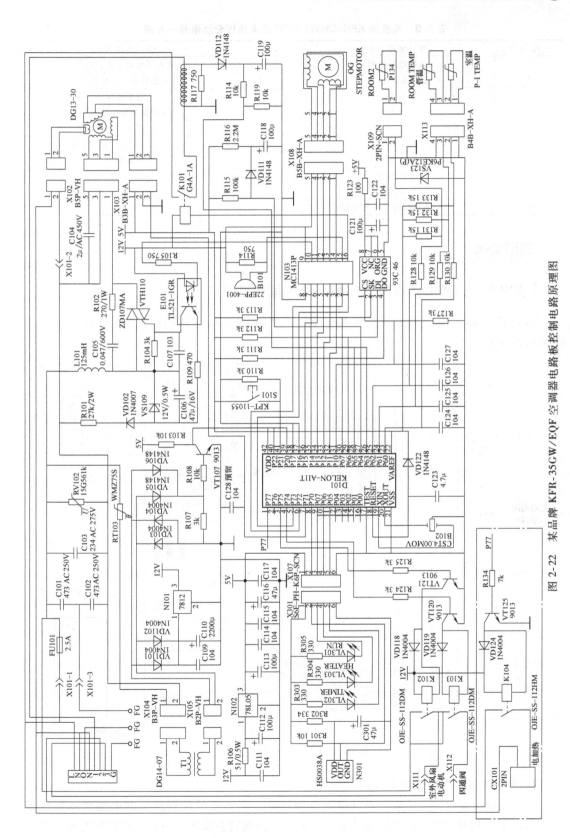

图 2-22 某品牌 KFR-35GW/EQF 空调器电路板控制电路原理图

表 2-3　某品牌 KFR-35GW/EQF 型电路板分立电路一览表

序号	分立电路名称	序号	分立电路名称
1	直流电源电路	11	室内环境温度控制电路
2	过零检测电路	12	室内换热器管温控制电路
3	遥控接收电路	13	存储电路
4	显示电路	14	反相驱动器驱动电路
5	室外风扇电动机、继电器驱动电路	15	开关电路
6	四通阀继电器驱动电路	16	室内风扇电动机驱动电路
7	电加热继电器驱动电路	17	风速检测电路
8	晶振电路	18	3min 延时电路
9	复位电路	19	压缩机过电流检测电路
10	室外换热器温度控制电路		

典型实例

【实例 1】 房间空调器电气控制系统电量的测量

图 2-23、图 2-24 分别为某品牌 KFR-35GW/EQF 型房间空调器电气控制系统室内机接线图和室外机接线图。

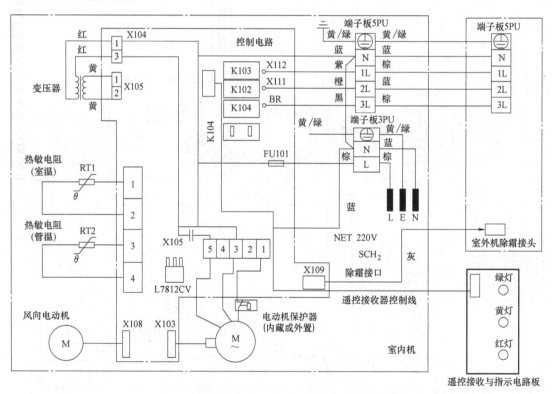

图 2-23　KFR-35GW/EQF 电气控制系统室内机接线图

1. 电路板与外围接口电量检测

进行电量检测时，一定要注意分清强电和弱电，也要非常注意强电的中性线（俗称零线）与弱电（俗称"零"）的公共端绝不能混淆，否则就会烧坏电路板，并造成电源短路。

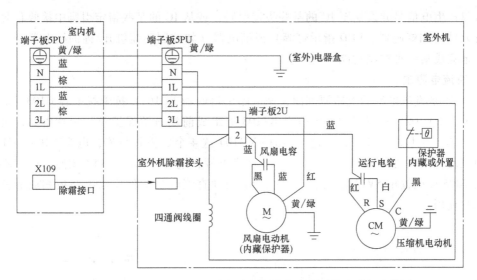

图 2-24　KFR-35GW/EQF 型房间空调器电气控制系统室外机接线图

（1）强电电量检测　使用万用表 250V 以上交流档，黑表笔接触中性线，红表笔分别接触压缩机继电器的输出插片、室外风机继电器（橘红色线）、四通阀继电器（紫色线）或室内电加热器（紫色线）的相线输出控制线，继电器的触点闭合时有 220V 电压；变压器的一次侧接线座两点之间为 220V 电压，二次侧接线座两点之间为 15V 左右电压。

（2）弱电电量检测　使用万用表 20V 直流档，保持黑表笔接触三端稳压器（图中未示出，下同）集成块的散热金属片，红表笔接触室外除霜温度传感器接线座、蒸发器、回风温度探头接线座柱点，有两个接线柱电压为 0V（为公共端），两个接线柱电压为 2.5V 左右（电压值随感受温度的不同而变化）。红表笔依次测量内风扇电动机速度采集接线座的 3 个柱，一个为 0V、一个为 5V、一个为小于 5V 的中间值。红表笔依次测量风向电动机接线座的 5 个柱，其中一个为 0V，4 个为 12V。红表笔依次测量遥控接收器控制线的 6 个柱，测量值分别是一个为 0V，一个为 5V，与指示灯相连的 3 个柱子其对应的指示灯亮时电压为 0V、灯灭时电压为 5V，对于遥控接收器的输入线柱，其电压则小于 5V（按遥控键时电压有变化）。

2. 电气执行机构与触点式控制器检测

如果在上述的检查过程中，问题不是出现在电路板上，则需要对电气执行机构（如压缩机、电动机、电磁阀和加热器）、传感器以及触点式控制器（如继电器、交流接触器和压力控制器等）进行检测。

通过仔细观察空调器的运行状态，结合平时积累的维修经验，就可以初步判断是电路板故障还是电气执行机构或触点式控制器及传感器等的故障。

【实例 2】 房间空调微处理器控制分立电路的检修

空调器微处理器控制分立电路主要指外围电路，所有房间空调器无论是单冷和冷暖，或是定频和变频，或是分体和柜机，其微处理器控制电路系统都是由许多个分立电路所组成。就其电路结构来讲，80% 以上的分立电路是相同或相似的。这里对图 2-22 所示的控制电路的 19 个分立电路进行分析。所谓分立电路就是在整个控制电路中具有相对独立的电路子系统，可以产生电信号并发送至 IC 的某些指定引脚，或从 IC 的某些指定引脚中接收信号去驱动执行元件（如蜂鸣器、LED 指示灯等）或继电器（如控制压缩机开/停的继电器）等，从而独立地完成某一种控制功能。

1. 直流电源电路

图 2-25 是直流电源的电路原理图，该电路由熔断器 FU101、抗干扰电容 C103、防过电压压敏电阻 RV102、超温保护热敏电阻 RT103 等组成前端电源保护及抗干扰电路；由变压器 T1 将 220V 电压降至 15V，经过 VD101~VD104 这 4 个二极管整流，电容 C109、C110 滤波，由三端稳压集成块 7812 稳压输出 12V 直流电源；电容 C111、C112 滤波，由三端稳压集成块 7805 稳压输出 5V 直流电源。12V、5V 两种直流电分别供应给电路板相应的分立电路和芯片使用。

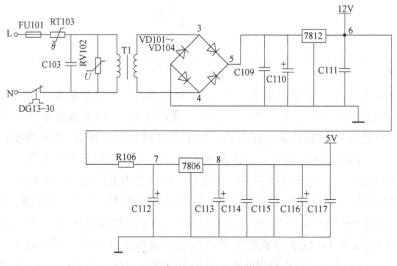

图 2-25　直流电源的电路原理图

空调机故障现象：本分立电路任何一处若出现故障，则整机（包括室内、室外机）不能工作。

电路常见故障与检修方法：该电路常见故障为熔断器 FU101 断路，或压敏电阻 RV102 击穿，或变压器一次侧或二次侧断路或短路，可在断电的情况下，使用万用表电阻档进行阻值检测，也可以在通电情况下用万用表交流电压档检测变压器二次侧有无 15V 电压；若上级电路没问题，用万用表直流电压档检测 6 点和 8 点有无 12V、5V 直流电压。特殊情况下，也可能出现二极管击穿、电容漏电的现象，可在断电的情况下，用万用表电阻档逐一排查，正常情况下，二极管正向导通、反向截止，好的电容的阻值无穷大。

2. 过零检测电路

图 2-26 是过零检测电路控制原理图，电路组成元件名称及作用：T1 为变压器，将 AC 220V 的电压降到 AC 15V；VD105、VD106 为整流二极管，将交流整流为脉动的直流电；R107 为下拉电阻，起分压作用，保证进入晶体管基极的电压<0.7V；R108 电阻起限流作用，使进入晶体管的电流 I_B 控制在较小范围；电阻 R103 起分压限流作用，在晶体管导通时，保证 11 点的电位基本在 0.3V；VT107 晶体管起到开关作用。

控制原理如下：该电路与直流电源电路共用变压器 T1，通过变压器降压，再由两个二极管整流，然后通过电阻的分压和限流，得到 100Hz 的脉动信号，经过晶体管开关元件的作用，在 11 点得到 100Hz 的脉冲矩形波，去单片机的 39 脚，此信号经过单片机内部控制后，再去控制室内风扇电动机驱动电路，使室内风扇电动机以不同的速度运转。

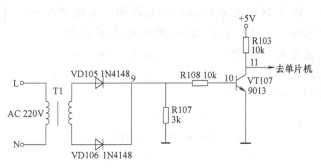

图 2-26　过零检测电路控制原理图

空调机故障现象：本分立电路任何一处若出现故障，则室内风扇电动机不能工作，随之带来整机过冷保护停机。

电路常见故障与检修方法：该电路常见故障有变压器断路、电阻或晶体管击穿。检修时，分断电检测和通电检测两种情况：断电时使用万用表电阻档，依次检测 T1 的一次侧和二次侧电阻是否为无穷大，判断变压器是否断路。测量二极管正反向电阻都比较小而导通，说明二极管击穿。

对调万用表两只表笔测量晶体管 11 点对公共端的电阻，都比较小，则说明晶体管击穿。通电的情况下，使用万用表电压档，测量 9 点、10 点和 11 点看是否有正常电压。正常情况下用直流档测量时，$V_9 = 15\text{V}$、$V_{10} = 0.8\text{V}$、$V_{11} = 2 \sim 5\text{V}$，否则有问题。若用示波器测量 11 点波形，则为频率为 100Hz、幅值为 5V 的脉冲波。

3. 遥控接收电路

图 2-27 是遥控接收电路控制原理图。电路组成元件名称及作用：N301 为遥控接收集成电路，俗称接收头，有 3 只引脚，分别是 VDD 接电源、OUT 接收信号输出（到单片机）、GND 接公共端（俗称弱电的接地）；电阻 R301 起分压限流作用，将微弱的接收信号送到单片机；电阻 R302 起分压限流作用；电容 C301 接在电源与公共端之间，用于消除杂波干扰。

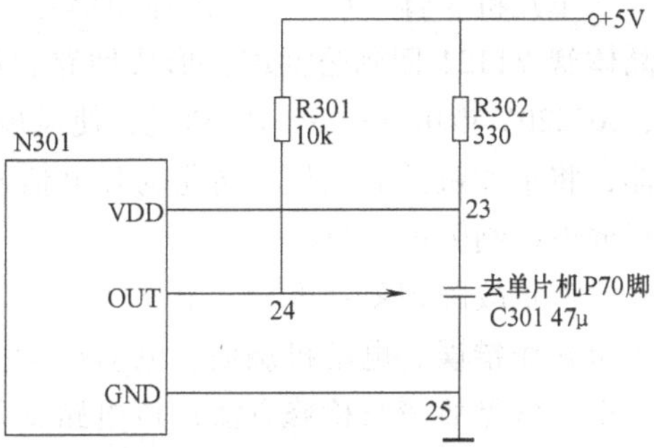

图 2-27　遥控接收电路控制原理图

控制原理如下：该电路比较简单，从遥控器接收来的信号经过调制解调（和用电话线上网需要调制解调器的原理一致），通过逐流电阻 R301，将信号送入单片机的 8 脚（即 P70 脚），以实现不同的控制功能。

空调机故障现象：本分立电路任何一处若出现故障，将接收不到遥控器发出的指令，表现为当按下遥控器操作时，蜂鸣器不会鸣叫，空调机也不运转。

电路常见故障与检修方法：该电路常见故障有接收头损坏或电容击穿。检修时分断电检测和通电检测两种情况：断电时使用万用表电阻档，检测 OUT 与 GND 处的电阻是否很大，如不是则不正常。测量电容电阻是否为无穷大，如不是则不正常。通电的情况下，使用万用表电压档，测量 23 点、24 点和 25 点看是否有正常电压。正常情况下用直流档测量时，$V_{23} = 4.5\text{V}$、$V_{24} = 4.5\text{V}$、$V_{25} = 0\text{V}$，否则有问题。

4. 显示电路

图 2-28 是显示电路控制原理图，电路组成元件名称及作用：电阻 R303 的作用为限流和分压，保证发光二极管的电压和电流在一定的范围内；VL301、VL302 和 VL303 为发光二极管，分别代表运行、加热和定时。

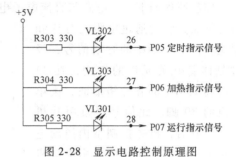

图 2-28　显示电路控制原理图

控制原理：该电路比较简单，根据运行的状态，由单片机的 9、10 和 11 脚输出低电平（0V 电压），形成回路，从而使对应的灯发光。

空调机故障现象：本分立电路一般不会出现故障。

5. 室外风扇电动机继电器驱动电路

图 2-29 是室外风扇电动机驱动电路控制原理图。电路组成元件名称及作用是：

电阻 R125 起限流分压作用；晶体管 VT121 起开关作用；继电器 K102 控制风机电路的通断，内部由线圈和开关触点组成；续流二极管 VD118，断电时可以保护由于继电器线圈产生的感应电动势冲击损坏晶体管；电动机 M 带动风扇运转。

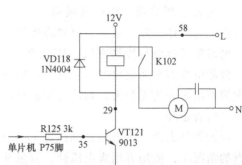

图 2-29　室外风扇电动机驱动电路控制原理图

控制原理如下：当空调器接收到运行指令后，从单片机 3 脚（P75）发出控制信号，触发晶体管导通，12V 直流电源经过继电器 K102 和晶体管 VT121 回到公共端，形成回路，继电器线圈因此得电产生吸力，使其中的触点闭合，AC220V 市电通过风扇电动机，使风扇电动机运转。一般的驱动电路基本上都是通过继电器，将单片机的弱电信号转化为强电信号，去驱动执行元件，如风扇电动机、四通阀等，实现弱电控制强电的目的。

空调机故障现象：本分立电路任何一处若出现故障，风扇电动机将不能运转。当然，当电动机接线错误、电动机烧损、电动机运行电容失效时，风扇电动机也是不能运转的。

电路常见故障与检修方法：该电路常见故障是晶体管或继电器损坏。同时，电阻 R125 和续流二极管 VD118 的损坏也能间接导致晶体管和继电器的损坏。检修时分断电检测和通电检测两种情况：断电时使用万用表电阻档，检测 29 点与 GND（公共端）的电阻，调转表笔两次检测的电阻中，有一次应非常大（几百千欧以上），否则不正常。测量继电器线圈，其电阻应是几百欧，若为无穷大或零，则继电器损坏。通电的情况下，使用万用表电压直流档，测量 29 点与 12V 电源处两点，正常情况下的电压为 11V 以上。

有时也会出现继电器触点粘连或烧断情况。断电情况下测量触点两侧的电阻为零即粘连；通电情况下，若 29 点与 12V 电源之间电压为 11V 以上，但继电器触点两侧的电压为 AC220V，则继电器触点烧断。

6. 四通阀继电器驱动电路

图 2-30 是四通阀继电器驱动电路控制原理图，与室外风扇电动机继电器驱动电路结构组成完全相同，这里不再重复。

7. 电加热继电器驱动电路

图 2-31 是电加热继电器驱动电路控制原理图，与室外风扇电动机继电器驱动电路结构组成完全相同，这里不再重复。

8. 晶振电路

图 2-32 是晶振电路控制原理图，晶振电路较为简单，主要是 B102 石英晶振，其晶体结构为六角形柱体，按一定尺寸切割的石英晶体夹在一对金属片中间，在晶片两极通上电压，就具备了压电效应，即施加电压产生变形，变形受力又产生电压，从而不断振荡。

控制原理如下：石英晶振有 3 只引脚，一只引脚接单片机输入脚 19，一只引脚接单片机输出脚 20，另一只引脚接公共端。通过与单片机内部

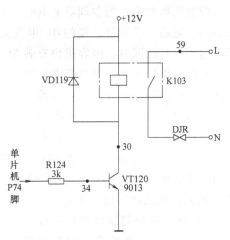

图 2-30　四通阀继电器
驱动电路控制原理图

的电路作用，产生 4.18MHz 的振荡频率，为单片机提供工作标准时钟（就好像计算机 CPU 的频率）。

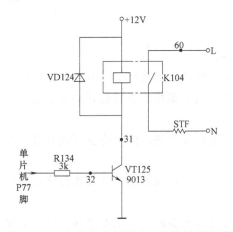

图 2-31　电加热继电器驱动电路控制原理图

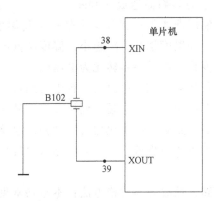

图 2-32　晶振电路控制原理图

空调机故障现象：本分立电路石英晶振出现故障时，整机将不能运转。

电路故障与检修方法：一般在通电的情况下进行检修，使用万用表电压交流档，测量 39 点 XOUT（引脚 20）与公共端的电压，正常情况下的电压为 1.8～2.5V。有时也会出现石英晶振受潮湿不能正常工作的情况，用电吹风吹过之后又能继续工作，其实这种情况应该将其换掉。石英晶振没有极性，焊接时只要辨认出公共端即可。

9. 复位电路

图 2-33 是复位电路控制原理图，本电路板的复位电路比较简单，二极管 VD122 在充电瞬间起到隔离作用，其他工作时间是作为钳位用，作为断电时电解（极性）电容 C123 放电之用。

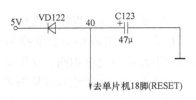

图 2-33　复位电路控制原理图

控制原理如下：当空调器上电时，单片机通过 18 脚送出 5V 直流电源，上电初期，电容相当于短路，于是公共端的 0V 电位被采入单片机。单片机收到"0"电位信号后，即刻开机运行。与此同时，电容很快充满 5V 电压并保持。

复位电路的主要作用是提高空调器电控部分的稳定性和可靠性，防止单片机初次上电或受到强干扰信号出现死机（就好像许多运动员比赛时需要"各就各位"一样）。

空调机故障现象：本分立电路若出现电容击穿故障，则整个空调器不能运转。

电路常见故障与检修方法：本电路的检修方法较为简单。检修时分断电检测和通电检测两种情况：断电时使用万用表电阻档，检测电容电阻，判断其是否损坏；在通电的情况下，使用万用表电压直流档，测量 18 脚与公共端之间的电压，正常情况下的电压为 5V，若为 0V，则初步判断电容已经击穿，需要更换。

10. 室外换热器温度控制电路

图 2-34 是室外换热器温控电路原理图，电路组成元件名称及作用：上拉电阻 R131 起分压作用；下拉热敏电阻 RT3，也称感温探头，感受温度的变化，转化为电阻的变化，进而转化为电压的变化；电阻 R128 起限流作用，使进入单片机的电路不会过大；电容 C126 起抗干扰作用，保证单片机不受偶然电压变化因素的影响而造成误判断。

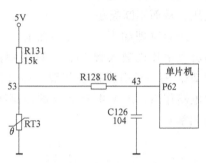

图 2-34　室外换热器温控电路原理图

控制原理如下：感温探头是一个负温度系数的热敏电阻，即温度越高电阻越小，温度越低电阻越大。热敏电阻将感知的温度变化转化为电阻的大小变化，再进一步转化为电压的变化，送入单片机。单片机将接收到的电压值通过内部程序进行运算比较，以决定是否进行除霜。

需要说明的是，冷暖空调机才有室外换热器温度控制电路，而单冷空调机只有室内环境温度控制电路和室内换热器管温度控制电路。

空调机故障现象：本分立电路若出现故障，则整个空调器不能正常制热和除霜，但还可以运转。

电路常见故障与检修方法：本电路常见故障是感温探头断路、温度漂移、电容击穿。若为断路，则空调机一直处于除霜状态，表现为四通阀转换为制冷状态，压缩机不运转，应该仔细检查感温线是否断掉或插接不牢。判断温度探头是否漂移，应该用万用表测量其电阻值，本机所使用的热敏电阻在 25℃时为 15kΩ。若电容击穿，则表现为制热时不除霜，室外换热器上的挂霜或结冰很多，制热效果因此很差。

11. 室内环境温度控制电路

图 2-35 为室内环境温度控制电路原理图，与图 2-34 的电路结构完全相同，这里只介绍不同之处。

该电路将采集的室内环境温度与遥控器设定的温度比较，决定室外机是否停止或继续运转，但室内机

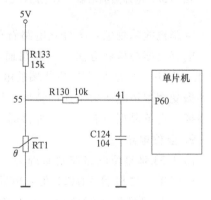

图 2-35　室内环境温度
控制电路原理图

仍然运转。在自动风速控制情况下，根据室内温度与设定温度的差距，自动调整风扇电动机的速度，温度越接近，风速越慢；温差越大，则风速越快。

很多情况下，温度探头线意外断裂（如被老鼠咬断），会导致整机不运转，要仔细检查。如果电容击穿，则整机不能停止运转。检修方法同上，这里不再赘述。

12. 室内换热器管温度控制电路

图 2-36 为室内换热器管温度控制电路原理图，与图 2-34 的电路结构基本相同，这里只介绍不同之处。

该电路将采集的管温与单片机内设定的防冷风和防热风温度进行比较，制热时，当室内换热器的管温低于 25℃ 时，风扇电动机不运转，因为这个温度吹到人身上还是觉得冷。但是，当管温超过 53℃ 时，室外机要停止运转，以防止高温危险，此时室内机继续吹风降低室内换热器温度。

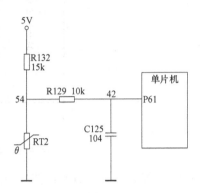

图 2-36　室内换热器管温度控制电路原理图

13. 存储电路

图 2-37 为存储电路的控制原理图，由于单片机的内部存储量不够，所以该控制电路外加了 EEPROM 存储器 93C46，可以对空调器运转进行计时，并可以决定空调器的开机运行模式、关机和记忆等，由单片机对其进行读写操作，不读写时 70 点为高电平，67、68、69 点为低电平。

存储器的检修相对较为困难，一般是根据该机的故障码进行判断，若没有故障码帮助，很难通过测量发现问题。

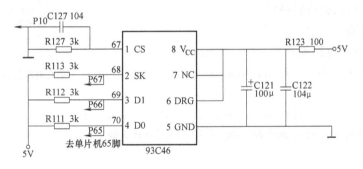

图 2-37　存储电路的控制原理图

14. 反相驱动器驱动电路

图 2-38 是反相驱动器驱动电路的控制原理图，本电路板所用的反相驱动器为集成 2003，由 7 个反相驱动器封装而成，分别为 1~7 脚对应 16~10 脚，其作用是将由单片机发出的微弱信号反相并放大，以便可以带动较大电流（功率）的继电器、蜂鸣器以及步进电动机等。

B101 为蜂鸣器，遥控接收信号时会发出响声。M 为步进电动机，带动室内风扇机运转。K101 为压缩机继电器，控制压缩机的开/停。

控制原理如下：当遥控器发出开机指令时，单片机 P73（5 脚）发出高电平信号，经过 2003 反相后，在 16 脚反相为低电平，因此与 12V 直流电源构成回路，继电器线圈导通，触

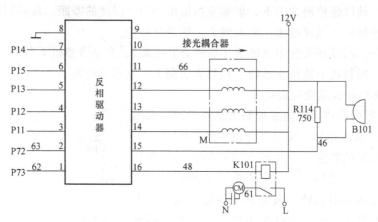

图 2-38   反相驱动器驱动电路的控制原理图

点闭合，压缩机 AC 220V 电源接通运转。同理，当发出"风摆"遥控指令后，单片机P12～P15（33～36 脚）周期性地依次发出高电平，通过反相驱动器的 14～11 脚，驱动步进电动机上下摆动。当接收遥控信号时，单片机 P72（6 脚）发出一组脉冲信号，触发蜂鸣器鸣叫。

空调机故障现象：本分立电路的反相驱动器损坏，压缩机将不能运转、遥控风摆不能摆动、蜂鸣器不能鸣叫。

电路常见故障与检修方法：用万用表直流电压档测量反相驱动器的成对引脚 1—16、2—15、3—14、4—13、5—12、6—11，一边若为低电平（0V），则另外一边必然对应高电平（12V），否则，反相驱动器损坏。

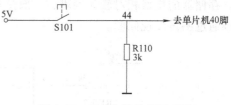

图 2-39   开关电路控制原理图

15. 开关电路

图 2-39 为开关电路控制原理图，本电路比较简单，按键开关作为应急作用；电阻 R110 为负载电阻。

控制原理如下：在无遥控器情况下，按动 S101 可以直接起动空调器，此时空调器按自动状态工作，根据室内环境温度制冷或制热。平时 S101 悬空，单片机 40 为低电平，电控系统处于遥控状态。

空调机故障现象：不使用此按键，看不出故障。

电路常见故障与检修方法：故障主要是按键失灵，此时应予以更换。

16. 室内风扇电动机驱动电路

图 2-40 为室内风扇电动机驱动电路控制原理图。由于本电路比较复杂，首先需要将该电路画成规整的串并联电路，以便对电路进行分析。该电路由 3 部分组成。

① 整流滤波稳压电路：电阻 R101 起限流分压作用；二极管 VD108 起整流作用；极性电容 C106 起滤波作用；稳压二极管 VS109 起稳压作用。

② 触发电路：电阻 R105、R104、R109 起限流分压作用；光耦合器 E101 起信号传递作用；电容 C107 起抗干扰作用。

③ 主电路：双向晶闸管 VTH110 起控制开关作用；电动机 M 带动室内风扇运转；电阻 R102 与电容 C105 构成阻容保护电路，保护双向晶闸管 VTH110 不受损坏；电容 C104 起风

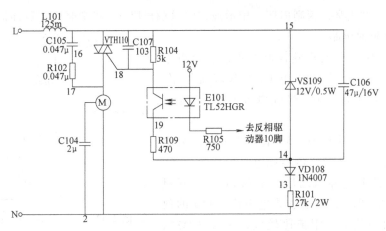

图 2-40　室内风扇电动机驱动电路控制原理图

机分相作用；电感 L101 起抗干扰作用。

控制原理如下：AC 220V 工频电压经过半波整流、滤波及稳压之后，得到 DC 12V 电源，供触发电路用。单片机将过零信号（前面已经讲过）发送至光耦合器中，通过光耦合，在 18 点产生过零触发信号供给双向晶闸管，使之受控导通。一旦双向晶闸管导通，则 AC 220V 工频电源通过电动机，电动机运转带动风扇吹风。单片机根据遥控指令发出占空比不同的脉冲信号，就可以控制双向晶闸管导通与关闭的时间比例不同，因而通过电动机的电压有效值也不同，从而得到高、中、弱、微 4 种风速。

空调机故障现象：本分立电路任何一处若出现故障，风扇电动机或者不转，或者风速将不受遥控控制，以强风运转。

电路常见故障与检修方法：该电路常见故障是双向晶闸管和稳压二极管损坏。上电时，测量 14 点与 15 点之间的直流电压应为 12V 左右，否则稳压二极管损坏；断电时，测量 15 点与 17 点的电阻应无穷大，否则击穿。至于电路中的电阻、整流二极管和电容的检测，前面已经说过很多，这里不再赘述。

17. 风速检测电路

图 2-41 为风速检测电路控制原理图，本电路只有一个霍尔元件，并且被置入室内风扇电动机的内部，电路板上是看不到的。霍尔元件是一个半导体薄片，随着风扇电动机的运转会产生脉冲信号输出，风扇电动机转速越快，脉冲频率越高。霍尔元件有 3 个引脚：接公共端、接 5V 电源以及输出端（去单片机

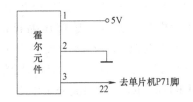

图 2-41　风速检测电路控制原理图

7 脚 P71）。脉冲信号送入单片机后，由单片机内部程序判断室内风扇电动机的当前的运转速度，并根据遥控指令进行速度控制调整。

故障现象：霍尔元件损坏时，空调器室内风扇电动机速度会变得很高或很低（本机霍尔元件损坏时，风速按高速旋转），有的厂商的机型转 3min 左右就保护停机。同时，霍尔元件损坏时，风速不受控制。

电路检修技巧：霍尔元件正常时，1 脚与 2 脚之间有 10Ω 左右的电阻，输出脚 3 与 1 脚或 2 脚之间的电阻非常大。也可以在通电运行的情况下用手转动室内风扇电动机轴，有电压

输出说明霍尔元件正常，否则损坏。用示波器测量输出脚 3，正常时应有脉冲信号。

18. 3min 延时电路

图 2-42 为 3min 延时电路控制原理图，充电电阻 R115 起限流作用；放电电阻 R116 起限流作用；二极管 VD111 起隔离作用；极性电容 C118 起充放电作用。

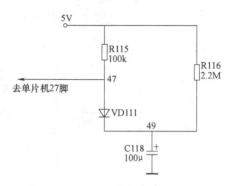

图 2-42　3min 延时电路控制原理图

控制原理如下：上电时，5V 直流电源经过充电电阻 R115 和正向二极管给电容充电，很快充至 5V 电压；当空调器断电停机之后，不到 3min 又开机时，由于在断电期间电容通过放电电阻 R116 的放电比较慢（因为放电电阻值比较大，为 2.2MΩ），3min 之内的放电不能将电容的电压降低到 1V 以下，故空调器拒绝开机。此时采用单片机计时 3min 以上，或单片机通过 27 脚采集到电容的电压降到 1V 以下时，才能进行下一个开机。

此电路属于保护电路，用来保证制冷管道系统的压力平衡，使压缩机轻载起动，防止过载。

空调机故障现象：无论两次开机的时间是否超过 3min，开机时空调器压缩机即刻运转，没有延时功能或延时时间不够。

电路常见故障与检修方法：该电路常见故障是二极管或电容损坏。检修时，可分为断电检测和通电检测两种情况。断电时使用万用表电阻档，检测 47 点与 49 点，正向导通、反向截止，否则说明 VD111 二极管损坏；测 49 点与 GND（公共端）的电阻，正常情况下正向测量有 25kΩ 阻值，反向测量电容表现出充电现象，如正反向电阻为 0 或无穷大，则该电路有故障。通电的情况下，使用万用表直流电压档，测量 49 点与 GND 两点，正常情况下的电压大于 4.5V。

19. 压缩机过电流检测电路

图 2-43 是过电流检测电路控制原理图。T101 为电流互感器，感应压缩机的运行电流；负载电阻 R117 起分流作用；二极管 VD112 起整流作用；电容 C119 起滤波作用；电阻 R118、R119 起限流分压作用。

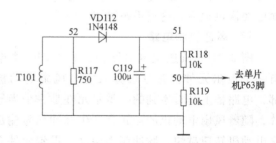

图 2-43　过电流检测电路控制原理图

控制原理如下：这是一个保护电路。电流互感器将压缩机的运行电流感应为信号电流，由电阻 R117 转变为信号电压，经过半波整流、电容滤波之后，再由 R119 分压后，送入单片机 P63（26 脚），单片机根据内部程序计算，判断压缩机运行负荷（电流）是否超载，以便对空调器进行保护。

空调机故障现象：很难发现故障。因为即便本分立电路出现问题起不到保护作用，但空调器照样运转，其过载保护转移至最后一道防线——压缩机过载保护器，变成压缩机过热保护了。

电路常见故障与检修方法：主要故障是电容、二极管以及负载电阻损坏，这里不再赘述。

压缩机过热保护时，空调器停机时间比过电流保护停机时间要长（30min 以上）。一般来说，如果空调器总是出现过热保护，并且压缩机运行电容没有损坏，这时就要检测是否因为过电流保护电路已经损坏而造成。

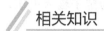 房间变频空调器控制电路的分析

相关知识

一、变频空调器的概述

变频空调器采用的是当代比较先进的变频控制技术，由微处理器控制、调节压缩机工作电源的频率和电压，使得压缩机转速能够变化，变频控制微处理器可根据工作环境和人工设定进行调节，从而改变制冷量，满足人们对空气调节的需要，其最大特点是节能和舒适度高。

二、交流变频调速原理

1. 交流变频调速原理

交流电动机的转速公式为

$$n = \frac{60f}{p}(1-s) \qquad (2\text{-}1)$$

式中，f 为电源频率；p 为磁极对数；n 为转速；s 为转差率。

从式（2-1）可知，在转差率不变的情况下，异步交流电动机的转速与电源的频率成正比，与磁极对数成反比。变频空调器有交流变频和直流变频两类。交流变频空调器的工作原理是把 50Hz 的交流电源先转换为直流电源，然后把它送到功率模块（逆变器）；功率模块同时受微处理器送来的控制信号控制，输出频率可变的交流电压，使压缩机电动机的转速做相应改变，从而调节制冷量或制热量。

2. 交流变频空调器原理框图

图 2-44 是交流变频空调器原理框图。它主要是由以下环节组成：整流器、滤波器、功率逆变器。220V/50Hz 的市电经整流滤波后得到 310V 左右的直流电，此直流电经过逆变后，就可以得到用以控制压缩机运转的变频电源。

图 2-45 是交流变频空调器逆变电路控制原理图，由电源保护电路、电磁抗干扰（EMC）电路、继电器

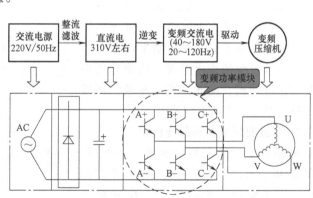

图 2-44 交流变频空调器原理框图

控制保护电路、整流桥堆、变频模块和功率模块组成。专用微处理器芯片是空调器的控制核心，而变频模块则是变频调速的一个关键部件，变频器由微处理器芯片输出数字信号控制。

目前，一般变频空调器的频带宽度为 30~110Hz，超级变频器频带宽度为 30~180Hz。

三、直流变频调速原理

1. 直流变频调速原理

直流电动机的转速公式为

$$n = \frac{U}{C\Phi} \tag{2-2}$$

式中，n 为直流电动机转速；C 为电动机常数，它与电动机构造有关；U 为定子输入电压；Φ 为磁极磁通。

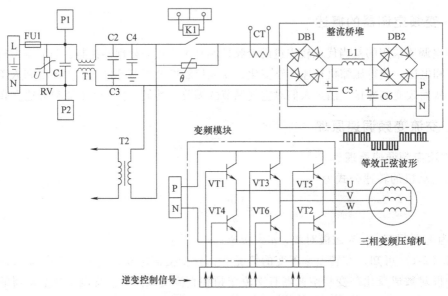

图 2-45 交流变频空调器逆变电路控制原理图

直流变频空调器同样是先将 50Hz 的交流电源转换为直流电源，并送至功率模块主电路。功率模块也同样受微处理器控制。与交流变频不同的是，功率模块所输出的是电压可变的直流电源，压缩机使用的是直流电动机。因此，直流变频空调器也可称为全直流变速空调器。

2. 直流变频空调器原理框图

图 2-46 是直流变频空调器原理框图。从图 2-46 中可以看出，与交流变频空调器相比，直流变频空调器多一个位置检测电路。

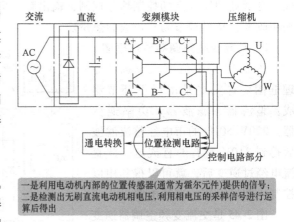

图 2-46 直流变频空调器原理框图

四、变频空调器的特点

目前，变频空调器因其起动后可快速达到设定温度、室内温度变化小而稳定，且相对省电,制热效果有较大增强,具有较强的除湿功能,起动时对电网干扰小以及良好的调节性能,成为家用空调器的发展方向之一。

变频空调器的主要缺点是:变频空调器低电压运行时,达不到最大制冷与制热量,压缩机高频运转时噪声较大。变频空调器的元器件较多,检修难度大,且价格较普通空调器高。

变频空调器的节流采用电子膨胀阀,空调器的室外机组在膨胀阀进出口、压缩机吸气管等多处设有温度传感器,并将其采样信息输送至室外机组微处理器控制器。微处理器则经过分析判断,可以及时控制阀门的开启度,随时改变制冷剂的流量,使压缩机的转速与膨胀阀的开度相适应,使压缩机的输送量与通过阀的供液量相适应,使蒸发器的能力得到最大程度的发挥。此外,采用电子膨胀阀作为节流元件,可以做到制热时除霜不停机。空调器利用压缩机排气的热量先向室内供热,余下的热量输送到室外,将换热器翅片上的霜融化。

一些变频空调器上装有功率显示器,频率或功率的变化,可通过点亮的指示灯或液晶显示色块的增减表示。

典型实例

【实例1】 交流变频空调器控制电路的分析

某品牌 KFR-26GW/I1BPY 型变频空调器,属于交流变频、热泵分体空调器。下面对其电气控制系统的控制机理进行分析。

1. 交流变频空调器室内外机接线图分析

图 2-47 为某品牌 KFR-26GW/I1BPY 型变频空调器室内机的接线图,图 2-48 为其室外机的接线图。

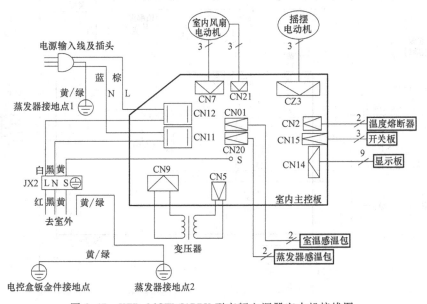

图 2-47　KFR-26GW/I1BPY 型变频空调器室内机接线图

室内机电控部分主要是一块室内主控板。电源总线通过接线柱 CN11、CN12 接入主控板,并转送至室外机,给整机供电,同时控制信号线通过 S 点也送入室外机,进行通信联系。主控板通过插接口 CN7 连接室内风扇电动机，控制风扇电动机的转动，并通过 CN21 对风扇电动机进行测速，以便控制风扇电动机的转速。CZ3 接摇摆电动机，控制风扇的出风风向。CN9、CN5 接变压器一次侧和二次侧，为主控板的直流电路提供电源。CN1 接室温感温包，测试室内温度。

CN20 接蒸发器感温包，测试蒸发器的温度。CN15 接开关板，对空调器进行应急制冷制热开关操作。CN14 接显示板，实现遥控接收及运行指示功能。CN2 接温度熔丝，其放置在主控板附近，感受温度变化，保护电路板不受高温破坏。

室外机电控部分包括室外主控板、变频模块以及整流桥堆、电抗器、功率因数电容等。电源电路板通过其周边的接插口分别驱动四通阀、室外风扇电动机，并连接室外环境温度传感器和外机管温度传感器。四位接线座中的相线 L 及中性线 N 直接接入主控板 CN1 和 CN2，S 线作为室内外机的通信线接入 CN13。CN10 连接变频压缩机机顶温度保护开关。通过 CN6、CN8 将主控板电源电路所整流的直流电送入变频模块。CN25 为 10 线联排，由主控板发出控制信号给变频模块。变频模块上由直流逆变为三相交流电 W、V、U，输出给变频压缩机使用，同时连接到主控板 CN16，进行相序检测。CN3、CN4 将 220V 交流电源引入整流桥堆 1、2，交流电容和电抗器也参与整流电路，逆变的 310V 直流电经 CN5、CN7 送入主控板，经滤波处理后通过 CN6、CN8 送入变频模块。

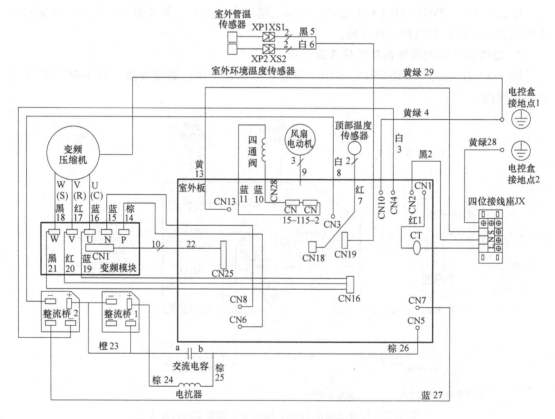

图 2-48   KFR-26GW/I1BPY 型变频空调器室外机接线图

交流变频空调器整个控制电路结构组成可以用框图表示，如图 2-49 所示。该控制系统由 3 块电路板组成，分别是室内微处理器主控板、室外电源板、室外微处理器主控板，外加一个变频模块。

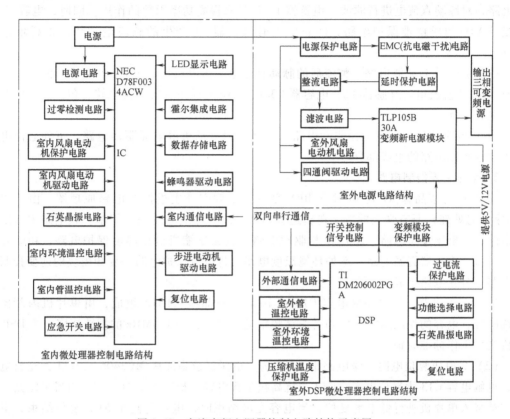

图 2-49　交流变频空调器控制电路结构示意图

2. 室外主控板电源电路

图 2-50 为某品牌 KFR-26GW/I1BPY 型变频空调器室外电源电路控制原理图，该电路由电源保护及抗干扰电路、变频模块保护电路、整流与保护电路、抗干扰与滤波电路等组成。

（1）电源保护及抗干扰电路　熔丝 FU1 对电源电路过电流或短路起保护作用，压敏电阻 RV1 与熔丝一起对电路电压过高起保护作用，保护后续电路免受冲击。互感器 T1、电容 C1/C2/C4/C5、电阻 R25、压敏电阻 RV2、放电管 AS1 及接地等共同组成抗干扰和高电压保护电路，有效消除电源本身的杂波对控制电路的干扰，防止浪涌电压（电流），同时可以吸收逆变时所产生的高次谐波干扰，即消除电磁干扰（EMC），其中放电管 AS1 可以防止雷击或机壳带有高静电的情况。

（2）变频模块保护电路　PTC1 热敏电阻与继电器 RL3 的触点并联，初始上电时，继电器触点不闭合，由 PTC1 担当暂时通电电路，使后续控制电路进行工作前的状态检测。当单片机 DSP 检测变频模块工作正常时，发出驱动指令，使继电器 RL3 线圈通电，触点闭合，主电路正常接通替代 PTC1 而正常工作，此时 PTC1 自然断路；当检测到变频模块工作不正常时，继电器触点不闭合，PTC1 继续充当通路时，因电阻随通电时间的延长发热使自身阻值变成无穷大，使主电路自然断开电源，保护了变频模块和控制电路免受损坏。

（3）整流与保护电路　该部分电路实际上是由两个大功率整流桥堆组成，等效于图 2-50 中的整流电路，其作用是将交流电整流为脉动的直流电。二极管 VD5 与电抗器 L1 组成滤波电路，对脉动直流电进行滤波，电抗器 L1 还具有提高功率因数的作用。同时，电容 C26、二极管 VD5 组成桥堆保护电路，防止断电时电抗器 L1 产生的感应电动势冲击桥堆造成损害。

（4）抗干扰与滤波电路　整流后的脉动直流电，由电解电容 C81～C85 进行滤波，产生 310V 的高压直流电。互感器 T2、电容器 C3/C7/C16 共同组成抗干扰电路，包括逆变电路产生的电磁干扰。

图 2-50 中的四通阀继电器驱动电路、室外风扇电动机继电器驱动电路、室外通信电路属于主板控制电路的组成部分。

3. 室外主板控制电路

图 2-51 为某品牌 KFR-26GW/I1BPY 型变频空调室外主板控制电路原理图。由于 DSP（数字信息处理）具有强大的数字逻辑运算功能，故其外围电路相对简单。该电路主要由晶振电路、欠电压复位电路、2003 反相驱动电路、变频压缩机机顶温度保护电路、功能开关电路、室外冷凝器管温电路、室外环境温度电路、过电流保护电路、变频模块的逆变控制信号电路等分立电路组成。

（1）晶振电路　该电路由电容 C15、C16 和石英晶振 XTAL1 组成，由单片机内部提供振荡电源，电容的作用是抗干扰和对振荡频率进行微调，产生 5MHz 的振荡频率，为 DSP 单片机提供工作标准时钟。

（2）欠电压复位电路　该电路中，IC2 为欠电压复位集成块 MC34064，R23 为充放电电阻，电解电容 C13 为复位电容，C12 为抗高频干扰电容。初次上电时，C13 相当于短路，零电位被采入单片机进行低电平复位，当电容充电结束时，电位升高至 5V，复位结束，空调机开始工作。如果电源电压过低，使直流电源电压低于 4.5V，IC2 的 RST 脚发出零电位，强制单片机二次复位，使空调器停止工作，从而保护压缩机和控制电路。

（3）2003 反相驱动电路　该电路比较简单，由单片机发出的控制信号，分别以高电平或低电平的方式输送给 2003 反相集成电路，再变成具有驱动能力的低电平或高电平，去驱动控制室外机风扇电动机和四通阀的继电器，控制室外风扇电动机和四通阀的开/停。

（4）变频压缩机机顶温度保护电路　该电路由过温保护器、限流电阻 R7、分压电阻 R8、抗高频干扰电容 C7 组成，当压缩机机顶温度过高时（>100℃），过温保护器断开，单片机 5 脚接收低电平，压缩机停止工作。

（5）功能开关电路　该电路通过 J1、J2 跨接线的不同组合，可以实现不同的控制功能，由生产厂商设计使用。R9、R10 为限流电阻。

（6）室外冷凝器管温电路和室外环境温度电路　该电路包括室外冷凝器管温电路和室外环境温度电路两个分立电路。热敏电阻将感受的温度变化转变为电压的变化，送入单片机，通过单片机的运算和分析，决定空调器制冷、制热、除霜的工作状态。其中，R13、R15 为分压电阻。R12、R14 为限流电阻。C1、C2、C8、C9 为抗干扰电容，消除一些突发的电压波动对单片机的正常判断造成的影响。

（7）过电流保护电路　该电路由电流互感器感应压缩机运行电流，并转化为电压信号输送到单片机，由单片机判断空调器的运行状态是否过电流，其中，R20 为负载电阻，并将

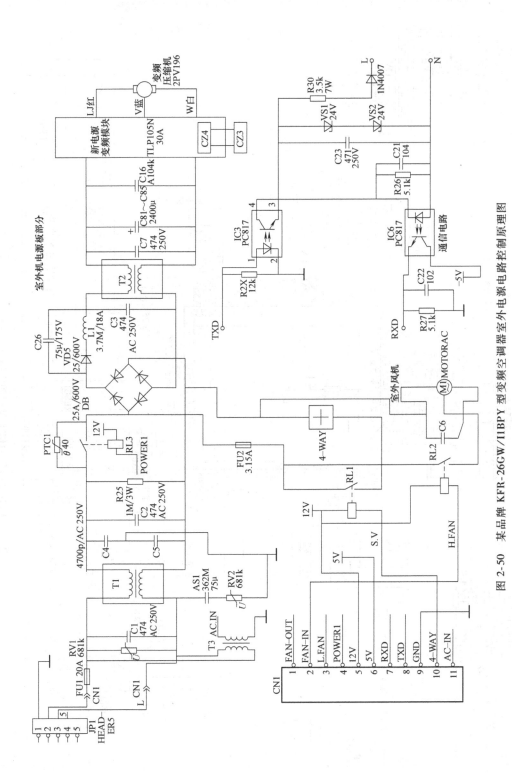

图 2-50　某品牌 KFR-26GW/I1BPY 型变频空调器室外电源电路控制原理图

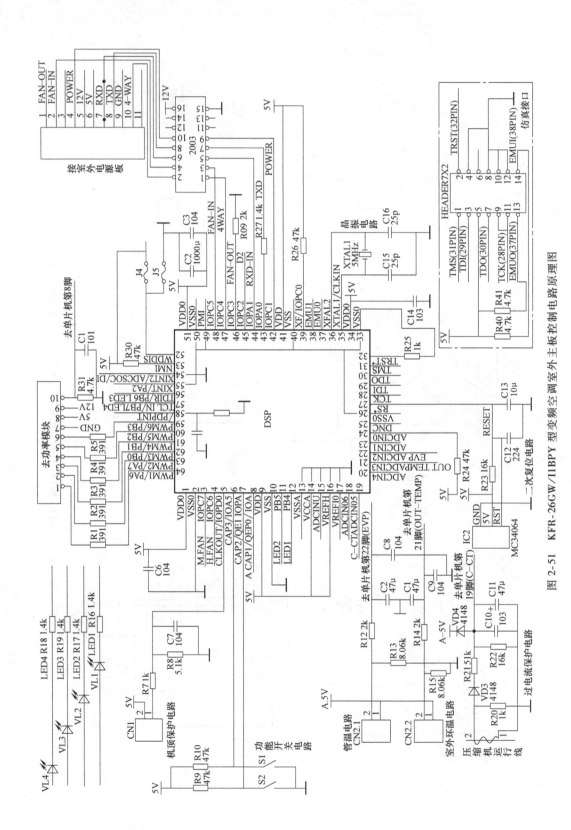

图 2-51　KFR-26GW/I1BPY 型变频空调室外主板控制电路原理图

感应电流转变为电压信号，VD3 为整流二极管，将交流电压整流为直流电压，R21 为限流电阻，R22 为分压电阻，C10 为抗高频干扰信号电容，电解电容 C11 为滤波电容，VD4 为钳位二极管，其作用是防止信号电压超过 5V 烧坏单片机。

（8）变频模块逆变控制信号电路　该电路比较简单，由单片机发出 6 组控制信号去功率模块，控制功率模块的开关晶体管的开合，以便产生逆变的等效正弦三相交流电源。其中功率模块的 10 脚为保护信号脚，对功率模块的过载和过电压进行保护，高电平正常工作，低电平保护。

4. 室内控制板电路

图 2-52 为某品牌 KFR-26GW/I1BPY 型变频空调室内控制板电路原理图。该电路主要由直流电源电路、室内风扇电动机驱动电路、室内风扇电动机风速选择电路、室内风扇电动机保护电路、开关电路、接收显示电路、2003 反相驱动电路、数据存储电路、晶振电路、室内蒸发器管温电路、室内环境温度电路、欠电压复位集成电路等分立电路组成。由于变频空调器的部分控制功能移至室外，故室内控制电路相对简单。

【实例 2】变频器通用检测方法

检测变频器正常与否一般采用以下几种方法：

（1）测量绝缘电阻　测量变频器绝缘电阻时应将电源和电动机连线断开，然后将所有输入端和输出端连接起来，再用万用表 "R×10k" 档测量是否漏电。

（2）测量运转电流　由于变频器输入和输出电流都含有各种高次谐波成分，故测量电流时需选用电磁系仪表，因电磁系仪表所指示的是电流的有效值。

（3）测量主电路波形　用示波器测主电路电压和电流波形时必须使用高压探头，如使用低压探头需用互感器或其他隔离器件进行隔离。

（4）测量整流器与逆变器　如图 2-53 所示，断开逆变器输入、输出端，测量逆变器直流电阻值是否正常。变频器的电阻测量状态见表 2-4。

需要注意的是，变频模块检测时，其上有 5 个单独的插头，上面分别标注有 P、N、U、V、W，P 与 N 分别接直流电源正极与负极，U、V、W 接压缩机三相绕组。当变频模块 5 个接插头与外电路不连接时，测量 U、V、W 相互之间电阻应为无穷大，测量阻值很小，说明内部击穿。测量 P 与 U、V、W 之间电阻，正反向阻值分别为 40kΩ 与无穷大。测量 N 与 U、V、W 之间结果与之相反。如测量规律与之不同，说明变频模块损坏。

表 2-4 变频器的电阻测量状态

整流元件	VD7		VD8		VD9		VD10	
黑表笔位置	1	P	Q	1	N	P	Q	N
红表笔位置	P	1	1	Q	P	N	N	Q
正常状态	通	不通	通	不通	通	不通	通	不通
逆变组件	VT1		VT2		VT3		VT4		VT5		VT6	
黑表笔位置	U	P	Q	W	V	P	Q	U	W	P	Q	V
红表笔位置	P	U	W	Q	P	V	U	Q	P	W	V	Q
正常状态	通	不通	通	不通	通	不通	通	不通	通	不通	通	不通

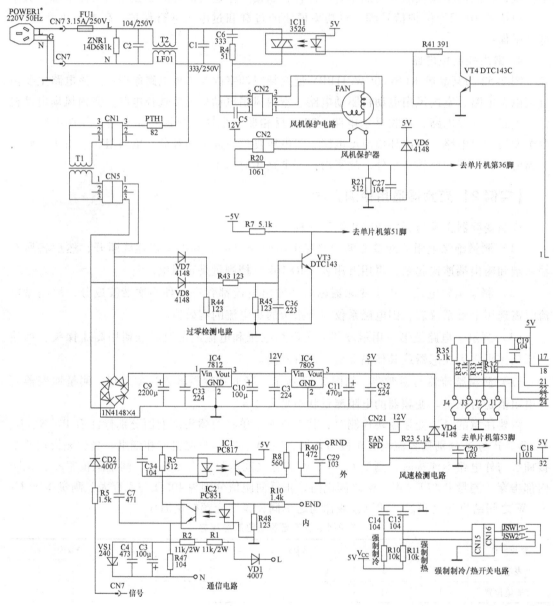

（注：图中右侧标注 1、17、18、21、22、23、24、32 分别

图 2-52　KFR-26GW/I1BPY 型变频空

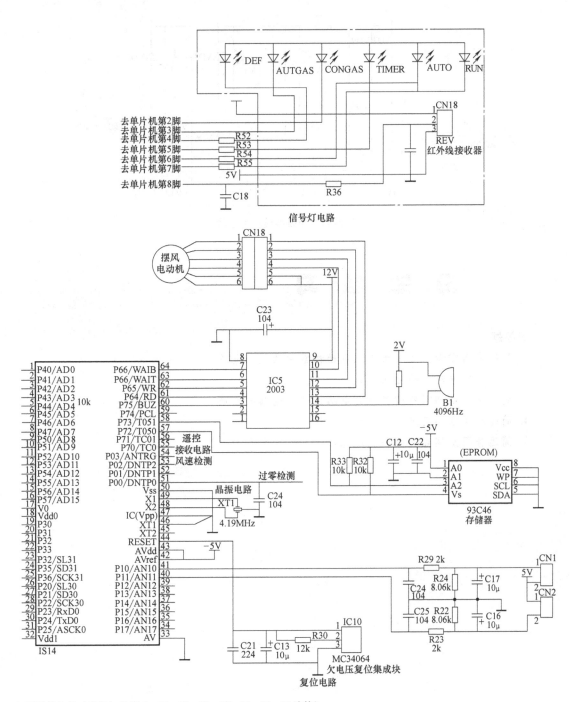

信号灯电路

与续图单片机（芯片）的脚 1、17、18、21、22、23、24、32 连接）

调室内控制板电路原理图

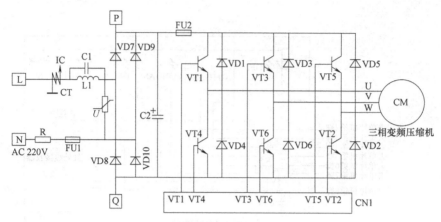

图 2-53　变频器模块主电路

简答题

1. 简述房间空调器压缩机单相电动机常用的起动电路。

2. 简述多速电动机的接法方式。

3. 简述房间空调微处理器控制电路板分立电路的组成。

4. 简述房间空调交流变频调速原理。

5. 简述房间空调直流变频调速原理。

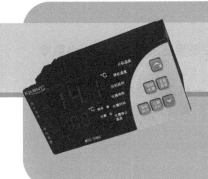

第三单元

小型冷库电气控制
基础与技能

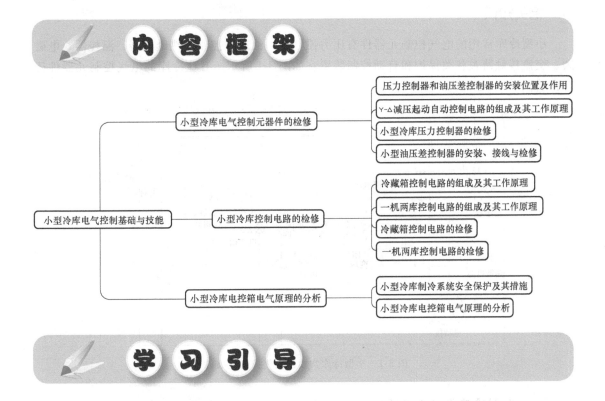
目的与要求

1. 知道小型冷库常用的电气控制元器件的种类，能分别指出压力控制器和油压差控制器的安装位置及作用，能指出Y－△减压起动自动控制电路的组成及其工作原理。

2. 能按要求完成小型冷库压力控制器的检修，能按要求完成小型油压差控制器的安装、接线与检修。

3. 知道小型冷库控制电路的特点，能指出冷藏箱控制电路的组成及其工作原理，能指出一机两库控制电路的组成及其工作原理。

4. 能按要求完成冷藏箱控制电路的检修，能按要求完成一机两库控制电路的检修

5. 知道小型冷库制冷系统安全保护及其措施。

6. 能分析小型冷库电控箱的电气原理。

重点与难点

重点：小型油压差控制器的安装、接线与检修，一机两库控制电路的检修，分析小型冷库电控箱的电气原理。

难点：Y-△减压起动自动控制电路的组成及其工作原理，一机两库控制电路的组成及其工作原理，小型冷库电控箱的电气原理。

课题一　小型冷库电气控制元器件的检修

相关知识

小型冷库常用的电气控制元器件有压力控制器、油压差控制、热继电器、温控器、电磁阀、交流接触器及各类保护和自动控制装置，如图 3-1 所示。有些冷库的电气控制元器件还有自动式Y-△起动器。

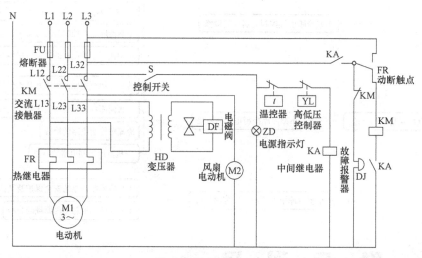

图 3-1　小型冷库常用的电气控制元器件

一、小型冷库压力控制器

1. 压力控制器的作用

压力控制器又称压力继电器或压力保护器，是一种由压力信号来控制的电开关，控制方式为双位式。在所设定的系统压力上、下限位发出通路或开路的电信号，即当压力超过（或低于）设定值时，压力控制器切断电路，使被控制系统停止工作，以起到保护和自动控制的作用。

2. 压力控制器的安装位置

压力控制器通常都安装在压缩机旁或控制操作盘上，如图 3-2 所示。在压缩机排气阀上引一导气管，接到压力控制器的高压端（高压波纹管）；在压缩机吸气阀上引出一根导气管，接到压力控制器的低压端（低压波纹管）；或在吸气阀与蒸发器之间引一导气管，接到压力控制器的低压端，如图 3-2 所示。

按图 3-2a 所示安装的压力控制器，在利用压缩机自身抽真空时，要将压力控制器上的"运转-抽空"旋钮转至抽空位置（如 YKW-22 型高低压力控制器），以免在抽真空时出现超低压保护停机。一些没有设"运转-抽空"旋钮的高低压力控制器（如 KD255 型）在抽真空时，则要打开控制器的面板罩盖，将接线排上的输入、输出线头直接短接，使低压保护暂时失去作用，但电路仍畅通，以便压缩机能充分抽真空。抽空完毕，再把接头短接处断开，并恢复原状，以恢复低压保护作用。

按图 3-2b 所示安装的压力控制器，则在利用压缩机进行自身抽真空时，关闭吸气阀后，不必考虑压力控制器是否会出现低压保护停机。

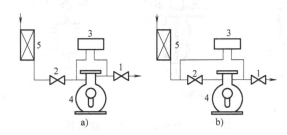

图 3-2　高低压控制器的安装图
1—排气阀　2—吸气阀　3—高低压控制器　4—压缩机　5—蒸发器

3. 常用压力控制器的种类

压力控制器分为高压压力控制器、低压压力控制器及高低压力控制器 3 种类型。目前国内外普遍使用高低压力控制器来控制制冷系统管道内的高压与低压限定值。

高低压力控制器是把高压与低压两个压力控制器组合在一起而成的，也有分成为两个单体的压力控制器。国内在实际制冷装置中常用的高低压力控制器型号有 KD 型、YWK 型及 KP 型。

（1）KD 型　KD 型压力控制器有 4 种规格，即 KD-155、KD-255、KD-155S 及 KD-255S 等，型号有字母 S 的为设有手动复位装置，如图 3-3 所示。

KD 型压力控制器上都没有设置指示压力调定值及压力保护电路通、断差动范围的刻度窗口，也没有设"运转-抽空"旋钮，不便于现场观察及利用压缩机进行自身抽真空操作。

KD 型继电器的单体产品是 TK 型高压控制器和 TD 型低压控制器，其结构与动作原理分别与 KD 型的高低压部分相同。

（2）YWK 型　YWK 型压力控制器有 YWK-22、YWK-11 及 YWK-12 等规格，最常用的 YWK-22 型压力控制器上设置了指示压力调定值及压力保护电路通、断差动范围的刻度窗口，并在低压控制器上设有"运转-抽空"旋钮。在高压控制器上带有自锁和手动复位装置，便于现场调试、观察及利用压缩机进行自身抽真空操作，还可及时提示制冷设备的故障隐患，如图 3-4 所示。

（3）KP 型　KP 型压力控制器带有单刀双掷转换开关，根据压力控制器的设定值和接口处的压力确定开关动作。其特点是颤动时间很短，将磨损减小到最低，提高了控制器的可靠性。耐振动和冲击，结构设计紧凑，全焊接波纹管，电气和机械的可靠性高。

KP 系列产品中，KP2 型压力控制器具有很低的差动值，可用于低压控制；KP6 型压力控制器可用于高压制冷剂（R410A）；KP7 和 KPl7 型压力控制器采用了故障保险波纹管。

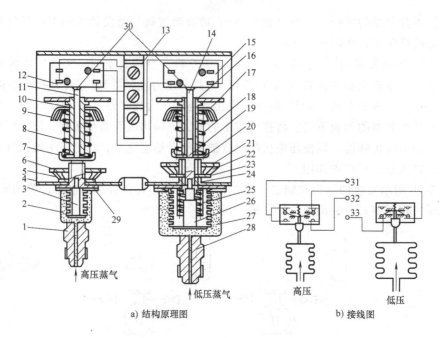

a) 结构原理图　　　　　　　　b) 接线图

图 3-3　KD 型高低压压力控制器

1、28—高、低压接头　2、27—高、低压气箱　3、26—顶力棒　4、24—压差调节座

5、22—碟形簧片　6、21—压差调节盘　7、20—弹簧座　8、18—弹簧　9、17—压力

调节盘　10、16—螺纹柱　11、14—传动杆　12、15—微动开关　13—接线柱

19—传力杆　23、29—簧片垫板　25—复位弹簧　30—传动螺钉

31—接电源进线　32—接事故报警灯或铃　33—接接触器线圈

KP 型压力控制器在国外广泛采用。典型代表产品有丹麦某公司生产的 KP15 型，现在国内新型制冷装置中已普遍使用。其上设置了指示压力调定值及压力保护电路通、断差动范围的刻度窗口。

二、小型冷库油压差控制器

1. 油压差控制器的作用

油压差控制又称油压控制，油压差是指制冷系统正常工作时，压缩机润滑油在油泵出油口的压力与曲轴箱压力之差。油压差等于油压表读数与吸气压力表读数的差值，不要误以油压表读数为油压差。

压缩机仪表盘上装置的油压表只是指示油泵出口处的表压力，并不是表明真正的供油压力。真正供给压缩摩擦件润滑的油压力是，油泵出口压力与曲轴箱压力（即吸气压

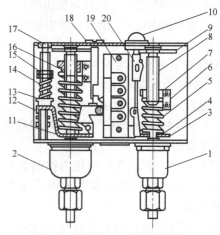

图 3-4　YWK—22 压力控制器

1—高压气箱　2—低压气箱　3—跳板　4—高压弹簧座　5—高压调节弹簧　6—指针板　7—调节螺母　8—调节螺杆　9—调节盘　10—复位按钮　11—低压跳板　12—锁紧螺母　13—差值调节套　14—差值弹簧　15—差值调节盘　16—低压调节盘　17—差值调节螺杆　18—抽空拔杆　19—微动开关　20—跳脚

力）之差，这才是油循环的真正动力。因润滑油最终都要汇集到曲轴箱中，再由油泵升压后强制供给各运动摩擦件。油压保护是以这两处的压力差大小来作为控制调节参数的。

当压缩机的供油压力不足时，会导致压缩机不能正常润滑和冷却。所以，油压控制器必定是一个压差控制器，用油压差控制器来实现油压保护。

供油压力＝油压差＝油泵出口压力－压缩机曲轴箱压力＝油压表读数－吸气压力表读数。

油压控制器接受油泵排出压力和压缩机吸入压力两个压力信号的作用，并使这两个压力之间保持一定的差值范围。当压力差超出给定值范围时，控制器开关动作，自动切断压缩机电路，使压缩机保护性停机。

2. 油压差控制器的安装位置

油压差控制器通常都安装在压缩机旁或控制操作盘上。如图 3-5 所示，在压缩机油泵排出口阀上引一导油管，接到压力控制器的高压端（高压波纹管）；在压缩机曲轴箱（或吸气阀）上引出一根导气管，接到压力控制器的低压端（低压波纹管）。

3. 油压差控制器的特点

油压差控制器一般带有延时机构和复位按钮。

复位按钮的作用：因油压差过低起了保护之后，再次起动压缩机时需按手动复位按钮。控制器接上电源后，必须按一下复位按钮才能正常起动压缩机。

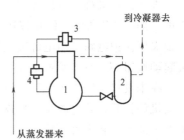

图 3-5　油压差控制器的安装图
1—压缩机　2—油分离器　3—高
低压控制器　4—油压差控制器

延时机构的作用：压缩机在无油压情况下正常起动，一般需 60s 以建立正常的油压，因此，油压差控制器应具有 60s 的延时功能。压缩机在无油压情况下正常起动 60s 后，油压差控制器方能起到油压保护作用。

JC-3.5 型油压差控制器外形结构如图 3-6 所示。JC-3.5 型油压差控制器动作后不能自行

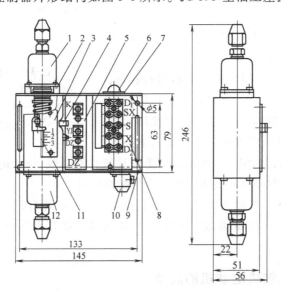

图 3-6　JC-3.5 型油压差控制器的外形结构
1—低压波纹管　2—定位柱　3—刻度牌　4—跳板　5—压力开关　6—复位按钮　7—复
位标牌　8—延时机构　9—外壳　10—进线夹头　11—指针　12—高压波纹管

恢复，故设有人工复位装置，在制冷机故障排除后，需按压复位装置，才能使延时开关触点接通电动机电路重新工作。此外，在延时机构工作过一次后，尚需要等待 5min，待延时机构中的加热器全部冷却，才能恢复正常工作。

三、小型冷库电动机的保护装置

小型冷库制冷压缩机电动机常见的保护装置有失压保护、短路保护、过载保护装置等。

1. 失压保护

失压保护又称零电压保护。在小型冷库的控制电路中，凡有自锁环节的，就有失压保护作用，如图 3-7 所示。停止按钮 SB1、起动按钮 SB2、交流接触器 KM 等装置就组成了一个自锁失压保护电路。当电源突然断电又复供电时，电动机停转后就不能自动起动，必须按一次起动按钮 SB2 才能重新起动。

在未设置自锁失压保护装置、只由刀开关控制电动机开停的电路中，当电源突然断电，电动机停机后，若电源又突然恢复供电时，电动机会立即自行通电起动，这种情况下可能造成严重的生产和人身事故。

2. 短路保护

为了电气设备的安全运行，当电动机或其他电器及电路发生短路事故时，电路本身必须要有保护能力。短路保护由熔断器、断路器或两者同时担任，如图 3-7 所示。主电路和控制电路分别安装了熔断器 FU1、FU2 作短路保护，当电动机或其他电器发生短路时，电路电流急剧增加很多倍，FU 很快熔断，使电路和电源隔开，达到保护目的。

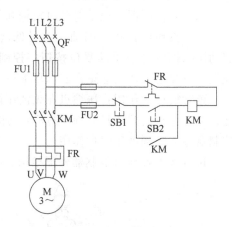

图 3-7　电动机控制电路

QF—断路器　FU—熔断器　KM—接触器　FR—热继电器　SB2—起动按钮　SB1—停机按钮　M—电动机

3. 过载保护

如果电动机负载过大或一相开路，电动机电流将超过它的额定电流，但又不是超过许多倍，这时熔断器熔丝不一定烧断，电动机处于过载运行状态，时间长了电动机可能烧坏，因此需有一种长期过载保护，热继电器 FR 可起这个作用。它的发热元件串联在电动机主电路中，而动断触点在控制电路中和交流接触器线圈串联，如图 3-7 所示。如果电动机长期过载，FR 的发热元件发热，使其动断触点断开，交流接触器 KM 失电，电动机保护性停机。

目前已广泛在电路上安装断路器（又称自动开关），它既有开关作用，又有自动保护功能，在电路发生短路、严重过载、失压或欠电压时，能自动地切断主电路所控制的电动机。

四、小型冷库压缩机电动机的起动

1. 直接起动

如图 3-7 所示，合上电源开关 QF，当按下起动按钮 SB2 时，交流接触器 KM 线圈得电，使其接在主电路中的主触点 KM 闭合，电动机 M 接通电源起动并运转。与此同时，与按钮 SB2 并联的交流接触器辅助触点 KM 闭合实现自锁，以保证松开按钮 SB2 以后交流接触器线圈仍然有电，电动机仍保持运转状态。如需电动机停转，可按下停止按钮 SB1，使交流接触器 KM 线圈失电，其串联在主电路中的主触点分断，电动机即断电停止运转。与此同时接触器的辅助触点 KM 分断，所以松开停止按钮后交流接触器线圈仍不会得电，使电动机不能自动起动。若要电动机再次起动，则需要重新按下起动按钮 SB2。

2. 丫-△起动器

为了不造成电网电压的大幅度降落，从而导致电动机起动困难或不能起动，而且也不影响电网内其他设备的正常供电，对容量较大的电动机（电动机功率大于 10kW）的起动，广泛采用了减压起动措施。将电网电压适当降低后再加到电动机定子绕组上进行起动，待电动机起动后，又将绕组电压恢复到额定值。

丫-△起动器是电动机减压起动设备之一，适用于定子绕组作三角形联结的笼型电动机的减压起动。在电动机起动时，丫-△起动器瞬时将定子绕组连接成星形，使每相绕组从 380V 线电压降低至 220V 相电压，从而减小起动电流，使电网电压波动减小。当电动机转速升高接近额定值时，通过时间继电器自动将其定子绕组切换成三角形联结，使电动机每相绕组在 380V 线电压下正常运转。

应用这种减压起动设备时，起动转矩只有额定转矩的 1/3，所以只能轻载或空载起动。最常使用的是时间继电器控制转换的自动式丫-△起动器，主要由交流接触器、热继电器、时间继电器等组成，如图 3-8 所示。

3. 丫-△减压起动自动控制电路

减压起动的目的是减小电动机起动电流，从而减小电网供电的负荷。由于起动电流的减小必然导致电动机起动转矩下降，因此，凡采用减压起动措施的电动机，只适合空载或轻载起动，在实际中广泛应用的减压起动措施是"星-三角"起动，用丫-△符号表示，这种减压起动方式只适用于正常运行时定子绕组连接成三角形的电动机。起动时将绕组连接成星形，使每相绕组电压降至原电压的 $1/\sqrt{3}$，起动结束后再将绕组切换

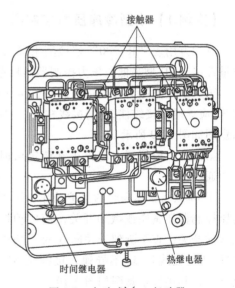

图 3-8　自动式丫-△起动器

成三角形联结，使三相绕组在额定电压下运行。它的优点是起动设备成本低、使用方法简单，但起动转矩只有额定转矩的 1/3。

下面以由时间继电器控制的丫-△减压起动电路作为典型电路来介绍其减压起动的工作原理。

丫-△减压起动自动控制电路如图 3-9 所示。该路线由 3 个接触器、一个热继电器、一个时间继电器和两个按钮组成。时间继电器 KT 控制丫减压起动时间和完成丫-△自动换接。

工作原理如下：合上电源开关 QS、按下 SB1→KM丫线圈得电、KT 线圈得电→KM丫主触点闭合、KM丫动合触点闭合、KM丫联锁触点分断对 KM 三角联锁→KM 线圈得电→KM 主

触点闭合、KM 自锁触点闭合自锁→电动机 M 接成丫减压→当 M 转速上升到一定值时，KT 延时结束→KT 动断触点分断→KM丫线圈失电→KM丫动合触点分断、KM丫主触点分断，解除丫联结、KM丫联锁触点闭合→KM△线圈得电→KM△主触点闭合、KM△联锁触点分断→对 KM丫联锁、KT 线圈试点→KT 动断触点瞬时闭合→电动机 M 接成 △ 全压起动。停止时按下 SB2 即可。

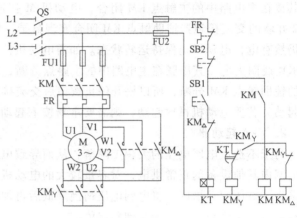

图 3-9 丫-△减压起动自动控制电路

该电路接触器 KM丫得电后，通过 KM丫的动合辅助触点使接触器 KM 得电动作，这样 KM丫的主触点是在无负载的条件下进行闭合的，故可延长接触器 KM丫主触点的使用期限。

典型实例

【实例1】 小型冷库压力控制器的检查

可用万用表"R×200"档检测未接入电路的压力控制器各电触点的通断状态，以判断其质量性能。KD 型高低压压力控制器结构原理图如图 3-3 所示。

第一步，测压力处于正常值时，接线柱 31 与接线柱 33 应导通、接线柱 31 与接线柱 32 不导通，其接线示意图如图 3-10 所示。

第二步，模拟压力超出正常调定值时，测各电触点的通断情况。

① 模拟高压超高时的保护动作。用螺钉旋具顶动高压控制器弹簧座或微动开关，使传动杆直接推动高压微动开关，直至听到开关断开的"嘀嗒"声，则接线柱 31 与接线柱 33 不导通、接线柱 31 与接线柱 32 应导通，其接线示意图如图 3-10 所示。

② 模拟低压过低时的保护动作。用螺钉旋具扳动低压控制器弹簧座，使传动杆脱离低压微动开关，直至听到开关断开的"嘀嗒"声，则接线柱 31 与接线柱 33 不导通。

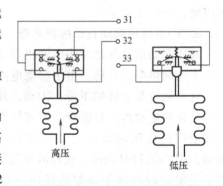

图 3-10 KD 型高低压压力控制器接线示意图
31—接电源进线 32—接事故报警灯或铃 33—接接触器线圈

【实例2】 小型冷库压力控制器的检修

1. 高低压力正常，控制器不导通

① 高压控制端动作后，没有按手动复位开关，当压力恢复正常时，触点将不能自动复位，可按动复位开关使触点复位。

② 控制器触点严重烧坏，应更换新的压力控制器。

③ 高低压传动杆被卡，应查出被卡原因，并加以排除。传动杆正常位置是低压端传动杆将低压微动开关的按钮按下，高压端传动杆脱离高压微动开关按钮。

④ 低压气箱漏气，此时气箱内的压力减小，低压端传动杆下移触点跳开，此时制冷系统将出现制冷剂泄漏现象，应更换新的压力控制器。

2. 高低压力异常控制器不动作

① 触点粘连，应先检查传动杆所处位置。如高压端开关按钮已被传动杆按下或低压端开关按钮已与传动杆脱开，控制器仍不动作，则表明高压控制开关触点或低压控制开关触点已粘连，应更换压力控制器。

② 弹簧压力不正常或传动杆被卡住，此时检查传动杆所处位置会发现高压端开关按钮未被传动杆按下，或低压端开关按钮未与传动杆脱开，应查明原因加以修复。注意，在调整弹簧压力时，应边调整边实验，经3次实验压力继电器均正常时，可继续使用。

③ 高压气箱泄漏，此时气箱内的压力减小，不能推动传动杆上移顶开触点。同时系统中制冷剂泄漏，应找出漏点加以焊补，或更换新的压力继电器。

3. 高低压力正常控制器动作

压力控制器压力值调节不当、压力控制器内的弹簧及其他部件出现故障或气箱出现漏气，都会造成在正常压力范围内压力控制器动作，动断触点断开，压缩机无法起动的故障。可拆开盒盖用万用表测试开关触点是否导通，人工复位后压缩机仍不能起动，则应重新调整压力控制器的高、低压力控制范围或更换压力控制器。

【实例3】 小型冷库油压差控制器的安装与接线

安装和调整油压差控制器时，应注意下列几点：

1）高、低压波纹管应分别与油泵排出口及曲轴箱相接通，切勿接反。

2）压缩机正常运转所需的油压，对于用外齿轮油泵，无能量调节的老系列压缩机，一般应是 0.075~0.15MPa；对于用转子式油泵，有能量调节系统的新系列压缩机，它的油压应在 0.12~0.3MPa。油压给定值可按运行需要自行调整，一般情况调到 0.15MPa 左右即可。

3）控制器接上电源后，必须按下复位按钮才能正常工作，否则不能起动，这有时会被误认为有事故，实为正常。

4）在延时机构工作过一次后，要等待 5min，待加热器全部冷却才能恢复正常工作。

典型油压差控制器接线示意图如图 3-11 所示。当油压差控制器正常时，微动开关处于 1 和 3 点接通，正常信号灯亮，而且接触器线圈正常导通压缩机电动机工作；当压缩机内出现缺油或油路堵塞，油压差控制器正常压差范围不能建立时，通过油压差内部杠杆机构动作，微动开关由原来 1 和 3 相通，变为 1 和 5 接通，正常信号灯熄灭，事故信号灯点亮，同时给加热器通电，电加热工作时间约为 60s，手动复位处的双金属片在电加热的烘烤下出现变形，使 L1、L2 断开，导致接触器线圈中性线回路切断，压缩机电动机停止工作。图 3-11 中的正常信号灯和故障信号灯支路可以不接。

【实例4】 小型冷库油压差控制器的检修

油压差控制器与压力控制器的故障有相似之处，多为接点松动脱线、延时机构失灵、调

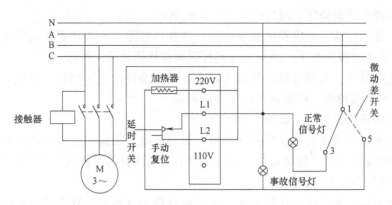

图 3-11　典型油压差控制器接线示意图

节弹簧失灵等。此外，油压差控制器本身常见的故障有如下几个方面：

1）压力差值漂移。如果接在油管路上的高、低压油压表正常，而油压差控制器频繁出现保护现象，则可能是压力差值漂移，这时可以调节油压差调节齿轮进行校正。

2）波纹管泄漏，这种情况需要更换油压差控制器。

3）触点损坏。如果油压差正常，而触点不能正常工作，则用万用表检测压力差触点和延时触点的通断情况，触点若损坏需更换油压差控制器。

4）双金属片失灵。这种情况会导致延时时间与 60s 相差很多，或不能产生延时，压缩机得不到保护，需更换油压差控制器。

5）电加热器损坏，将导致不能断开延时开关，压缩机得不到保护，需更换油压差控制器。

6）复位开关失效、不能复位，压缩机一直不能工作，需更换油压差控制器。

【实例 5】小型冷库电磁阀的检修

小型制冷装置通常采用直接式电磁阀。

电磁阀经常出现以下故障：

（1）线圈烧坏　通电时阀芯不动作，电磁线圈外壳无热感，用万用表检测线圈为开路，可将烧断处焊接好，如损坏严重，应更换同类型线圈。若线圈短路，往往伴随有电路中熔断器烧毁现象，可更换同类型线圈。

（2）阀芯卡死　电磁阀无开启和闭合动作，卡在关闭位置时，低压为负值，无制冷循环；卡在开启位置时，停机后高低压很快平衡，开机时易造成液击，可拆下电磁阀阀芯进行清洗，将卡塞物清除干净。

（3）关闭不严　压缩机停机后，用手摸电磁阀，若阀体发凉并能听到阀内的气流声，表明电磁阀关闭不严，制冷剂仍在流动。可能原因有阀内存在脏物、阀座或阀针受损拉毛、弹簧力过小等，可拆下电磁阀阀芯清除阀内脏物、研磨阀座或阀针、调整或更换弹簧。

（4）油堵脏堵　制冷系统在运行过程中，电磁阀外表面有冷感或结霜，表明电磁阀堵塞。可拆开阀体，将其中的脏物或油污清除干净。

（5）通电时出现"嗒嗒"的跳动声　电磁阀通电时，出现"嗒嗒"的跳动声的原因有：电源电压过低，应调整电源电压使其恢复正常；电磁阀进出口压力差过高使衔铁吸不上，应检查冷凝器散热是否良好，系统中是否有空气的存在，并加以排除；电磁阀安装方向与制冷剂流动方向相反，应重新安装；衔铁被卡或损坏，可打开阀体清洗或更换阀芯。

【实例6】 小型冷库温控器的检修

1. 感温剂泄漏

温控器感温管内的感温剂泄漏时，其动断触点处于常开状态。当箱内温度发生变化时，波纹管仍不会膨胀，触点仍断开，压缩机无法工作，一般需要更换温控器。

2. 机械动作失灵

温控器在使用过程中机械部分会发生失灵，设定的开停温度与实际开停温度有误差，使得压缩机工作不正常，误差很大时甚至出现不开机或不停机现象。应更换同规格的温控器。

3. 触点烧坏或粘连

触点发生粘连主要是由于闭合和断开时产生的电弧所造成的。可用小刀撬开触点，用细砂纸将触点表面打磨光亮。当触点烧损严重时，应更换触点。

课题二　小型冷库控制电路的检修

相关知识

小型冷库大多采用开启式、半封闭压缩机，三相四线制电源供电，驱动压缩机的电动机通常为三相异步电动机，整机电路分为主电路与控制电路两大部分。主电路有断路器、熔断器、交流接触器的3对动合主触点、热继电器、三相异步电动机等电气控制元件。控制电路有控制按钮、电磁阀、中间继电器线圈和触点、交流接触器线圈和辅助触点、温控器、高低压控制器、热继电器及油压差控制器的开关触点等控制元件。

对于制冷量较小的小型压缩机，只靠飞溅润滑，不需使用油压差控制器。对于制冷量大、带油泵的压缩机，则一定要设置油压差控制器。

一、冷藏箱控制电路

下面选用电动机功率为3kW的开启式压缩机、风冷式冷凝器、箱体为多门结构、主电路采用三相电源、控制电路采用220V、容积为3m³的冷藏箱控制电路图为典型代表来介绍其工作原理与过程，冷藏箱制冷系统循环如图3-12所示。冷藏箱控制电路如图3-13所示，三相电源经过熔断器FU加到控制电路以及交流接触器KM主触点的上端。

1. 起动运行过程

（1）控制电路　合上控制电路的控制开关S，就形成三条控制回路：

① 电流经过相线L22、电源指示灯ZD与电源的中性线N构成回路，电源指示灯亮。

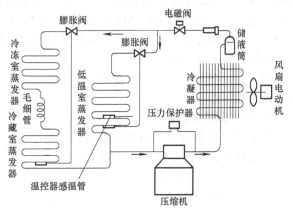

图3-12　冷藏箱制冷系统循环图

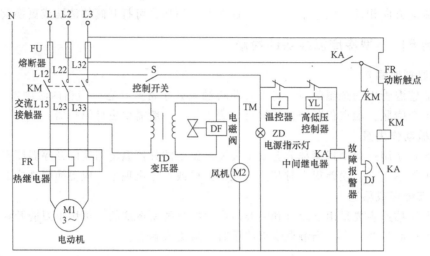

图 3-13　冷藏箱控制电路图

② 电流经过相线 L22、温控器 TM、压力保护器 YL、中间继电器线圈 KA 与中性线 N 构成回路，使中间继电器的线圈 KA 得电，中间继电器的动合触点 KA 闭合。

③ 电流经过相线 L32、中间继电器 KA 的动合触点、热继电器 FR 的动断触点、交流接触器 KM 的线圈与电源的中性线 N 构成回路，使交流接触器 KM 的线圈得电，交流接触器的辅助动断触点断开，故障报警电铃 DJ 不工作。

（2）主电路　由于交流接触器线圈得电，衔铁吸合，带动主触点闭合，三相电源经过热继电器加到电动机 M1，电动机运行驱动压缩机制冷。

L13、L23 两相 380V 电源经变压器 TD 变压到交流 220V，供给电磁阀 DF 的线圈，使电磁阀与压缩机同步运行打开，制冷系统保持畅通，向蒸发器正常供液。

L33 相电源经过风扇电动机 M2 与电源的中性线 N 构成回路，使电动机 M2 得电运行。强制空气对流以帮助冷凝器散热。

2. 自动及手动停机过程

（1）自动停机过程　制冷系统正常循环，箱内温度逐渐降低，当冷藏库的温度达到温控器的设定值时，温控器电触点断开、中间继电器失电、动合触点复位、交流接触器失电、主触点断开，使电动机 M1、M2 及变压器 TD 失电，电磁阀关闭，制冷系统停止向蒸发器供液，但电源指示灯仍亮。当冷藏库的温度回升到温控器设定值时，温控器触点闭合，按起动运行过程重新起动压缩机。

（2）手动停机过程　断开控制电路的控制开关 S，除电源指示灯失电不亮外，其他与自动停机过程一样。

3. 自动保护过程

（1）压力保护过程　当制冷系统管道内压力超过（或低于）设定值时，压力保护器 YL 动断触点断开，中间继电器的线圈 KA 失电动合触点断开，交流接触器线圈 KM 失电主触点断开，电动机 M1 保护性停止运行。

压力保护器动作的过程与自动停机的过程一样，当压力值恢复正常后，按起动运行过程重新起动。

（2）热继电器的保护过程　当压缩机超载、三相不平衡、断相、欠电压或不规范操作等引起电动机绕组电流增加、温升过高时，热继电器 FR 内的加热元件使双金属片发生动作，其动断触点断开、动合触点闭合，使交流接触器 KM 的线圈失电主触点断开，电动机和电磁阀停止工作。同时，KM 的动断辅助触点复位，电流经过相线 L3、热继电器 FR 的动合触点、KM 的动断辅助触点、电铃与电源的中性线 N 构成回路，使故障报警电铃得电进行报警。

（3）短路保护过程　当电路中的电气元件或接线发生短路时，熔断器 FU 就会熔断，切断电源。

二、一机两库控制电路

在一些小型冷库中，常用一台制冷压缩机同时向几个不同库温的冷库供应冷量，称为一机多库制冷系统。因为几个库蒸发器（冷却排管）的蒸发温度不同，所以在控制方面不同于一机一库的冷藏库。对各个不同库温的控制，不是通过直接控制压缩机主电路的通断来完成的，而是通过分别控制各库的供液电磁阀电路的通断来完成的，当某一冷库达到所需库温时，该库的库温控制器即可将这个库的供液电磁阀线路电源切断，停止供液。典型的一机两库制冷系统循环如图 3-14 所示；典型的一机两库控制电路如图 3-15 所示。

转换开关 SA 有两种状态：SA-2 接通为起动准备状态（转换开关上黑色圆点位于右边），SA-1、SA-3、SA-4 接通为运行状态（转换开关上黑色圆点都位于中间）。

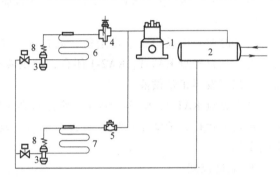

图 3-14　一机两库制冷系统循环图
1—压缩机　2—冷凝器　3—膨胀阀
4—背压阀　5—止回阀　6—高温库
7—低温库　8—供液电磁阀

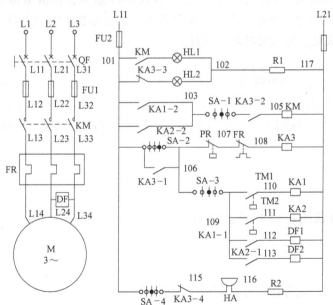

图 3-15　一机两库控制电路图

QF—断路器　FU—熔断器　KM—交流接触器　FR—热保护器　M—三相异步电动机
DF—电磁阀　HL1—运行指示灯　HL2—电源指示灯　SA—转换开关　KA—中间继电器
TM—温控器　PR—压力控制器　HA—蜂鸣器

1. 准备起动

将转换开关 SA-2 置于接通位置，此时电源从 L11、L21 两相加到控制电路的两端，经过熔断器 FU2 加到接点 101、117 上。

电流经过相线 L11、SA-2 开关、压力保护器 PR、热保护器 FR、继电器 KA3 线圈、相线 L21 构成回路，KA3 线圈得电，动合触点 KA3-1 闭合自锁，动合触点 KA3-2 闭合为交流接触器线圈得电做好准备。动断触点 KA3-3 断开，电源指示灯 HL2 熄灭，动断触点 KA3-4 断开，切断报警电路。

2. 起动运行

将转换开关 SA 置于 SA-1、SA-3、SA-4 接通位置，电源 L11 经过 KA3-1 自锁触点、SA-3 转换开关到达接点 109。

若这时两个库温均高于设定值，温控触点 TM1、TM2 闭合，继电器 KA1、KA2 的线圈均得电，动合触点 KA1-1、KA2-1 闭合，使供液电磁阀 DF1、DF2 得电打开，系统内制冷剂流通，向蒸发器正常供液。

动合触点 KA1-2、KA2-2 闭合，使接触器 KM 的线圈得电，接触器的常开主触点闭合，电动机得电运行，带动压缩机运行进行制冷。动合辅助触点 KM 闭合，使运行指示灯 HL1 亮指示运行。

3. 温度控制

若此时库房 2 的温度达到设定值，温控触点 TM2 断开，供液电磁阀 DF2 失电关闭，停止向库房 2 供应制冷剂。但由于继电器 KA1 继续得电，使接触器 KM 继续得电工作，压缩机仍正常运转。

若这时库房 1 的温度也达到设定值，温控触点 TM1 断开，供液电磁阀 DF1 失电关闭，停止向库房 1 供应制冷剂。继电器 KA1、KA2 都失电，接触器 KM 的线圈与电源也就不能构成回路，KM 线圈失电，使压缩机停止运行。

4. 自动报警

当压缩机在运行过程中出现压力过高或过低时，压力控制器动断触点就会断开，继电器 KA3 线圈失电，供液电磁阀、压缩机均停止工作。由于电动机过载，造成热保护器动断触点断开，使继电器 KA3 线圈失电，供液电磁阀、压缩机均停止工作。同时动断触点 KA3-4 复位，电铃得电报警。

典型实例

【实例 1】 冷藏箱控制电路的检修

冷藏箱控制电路如图 3-13 所示。

故障现象一：

合上控制开关 S，电源指示灯亮，压缩机不运转。

故障检查：

① 检查温控器设置是否合理、触点是否良好。

② 检查系统内压力是否正常、压力控制器触点是否接通。

③ 检查热继电器是否处于正常位置。

④ 检查交流接触器是否良好。

故障现象二：

合上控制开关 S，压缩机不运行，立即报警。

故障检查：

① 检查热继电器是否处于正常位置。

② 检查中间继电器常开触点是否良好。

③ 检查交流接触器是否良好。

【实例 2】 一机两库控制电路的检修

典型的一机两库控制电路如图 3-15 所示。

故障现象一：

高温库工作正常，低温库不冷。

故障检查：

① 检查低温库温控器 TM2 触点是否闭合、温度值设定是否合理。

② 检查低温库继电器 KA2 是否完好。

③ 检查低温库电磁阀 DF2 是否完好。

④ 检查低温库相关元件之间的连线。

故障现象二：

转换开关在工作位置压缩机不运行，电源指示灯及运行指示灯均不亮。

故障检查：

① 检查转换开关 SA 是否正确转换到位。

② 检查温控器 TM1、TM2 设定是否合理。

③ 检查继电器 KA1、KA2 是否完好。

④ 检查继电器 KA3 触点是否完好。

⑤ 检查交流接触器 KM 是否完好。

⑥ 检查相关器件之间的连线。

【实例 3】 小型冷库压缩机不起动的故障分析与判断

一、电气控制系统常见故障的现象

① 合上开关电源指示灯不亮，机组不工作。

② 合上开关电源指示灯亮，机组不工作且不报警。

③ 合上开关电源指示灯亮，机组不工作且报警灯亮。

④ 合上开关电源指示灯亮，风扇电动机不转，压缩机电动机"嗡嗡"作响。

⑤ 合上开关制冷机组运转，但不能制冷。

二、压缩机不起动的故障分析与判断

当接通电源并按下起动按钮后，倘若压缩机电动机不起动，多半是电动机和电气控制方面出现故障，检修时既要检查各类电气控制元件，又要检查电源及连接线路。无论电动机有

无噪声，均应切断电源再检查是否有故障。

1. 控制电路本身的故障

压缩机不起动。一般先从控制电路的线路上查找，控制电路容易出现的故障有控制电路的熔断器（丝）烧断，变压器一次绕组或接触器、中间继电器的线圈烧坏，电路中的接线松脱而形成开路等。被烧毁的线圈会发出焦烟气味，接线松脱而形成的开路可用万用表检测。

2. 电动机的电源断相

接通电源后只听到有"嗡嗡"声，电动机不起动，经一段时间过载热继电器跳开，出现这种现象可能是三相电源断相，断相多数是因熔断器（丝）熔断、导线开路或开关接触不良造成的。

拆开电动机接线盒，用测电笔检查电源接线端子，查出开路的一相并及时处理，以防止烧毁电动机。

3. 控制电路元器件的电触点跳开并自锁

在控制电路中采用了各种保护元器件，一般都设有自锁装置及人工复位按钮，如过载热继电器、油压差继电器、高低压力继电器等。当系统运行的安全值超出允许范围时，保护元器件就会动作。电触点跳开并自锁，切断电源使压缩机停机。应在排除故障后，先按复位按钮解除自锁，然后才能接通控制电路再次起动压缩机。

4. 电动机绕组短路烧毁

接通电源后出现熔断器（丝）反复烧断，推上刀开关时熔断器（丝）就熔断，电动机内发出漆包线烧焦的气味，则表明电动机绕组被烧毁或内部短路。造成电动机绕组烧毁或短路的主要原因有电压过高、导线受潮、机械振动损伤、机壳内的油垢太厚、绕组温升过高、曲轴及曲柄产生"抱轴"、电动机定子与转子产生摩擦以及其他一些机械故障等。

先拆下电动机接线盒的保护盖，用500V兆欧表或万用表测量接线柱与机壳间是否短路，然后用万用表测各相绕组的阻值，若某相绕组的阻值变小，则说明该绕组匝间短路；如果电动机绕组良好，则可能是转子被卡住或压缩机出现机械故障。可用手转动电动机轴，通过手感来鉴别转矩是否均匀。如果转矩不均匀，而且转到某一角度时有摩擦感，则表明电动机轴承损坏，产生电动机转子与定子的磨碰。

【实例4】 热继电器的检修

热继电器常见故障有触点不通引起电动机不能起动、电动机过载时触点不动作、电动机负载正常时触点误动作等。

1. 主触点不通

触点不通引起电动机不能起动的故障原因一般为触点烧坏、双金属片变形和动作机构被卡住等。热继电器触点烧坏时可用细砂纸将触点磨光；双金属片变形时应更换双金属片；动作机构被卡时应清洗调整；若用上述方法无法修复时，可更换热继电器。

2. 触点不动作

过载时触点不动作，其可能原因是电流整定值调得过大失去过载保护作用，热元件烧断或脱早，动作机构卡死或板扣脱落。

修理时可根据负载容量恰当调整整定电流，若调整整定电流无效时，可更换热继电器。

3. 热继电器误动作

电动机负载正常时触点误动作，其可能原因是电流整定值调得过小；热继电器与负载不匹配；电动机起动时间长或连续起动次数太多；线路或负载漏电、短路；热继电器受大电流强烈冲击或振动等。

电路未过载热继电器就自动动作，分断主电路，造成不应有的停电。检修时应查明原因。合理调整整定电流，或调换与负载配套的热继电器，若系电动机或线路故障，应检修电动机和供电线路。如工作环境振动过大，应配用带有防振装置的热继电器。

【实例5】 交流接触器的检修

交流接触器的结构原理如图3-16所示。交流接触器故障主要有触点接触不良、线圈开路或短路、振动或噪声过大等。

1. 接触器不动作

通电后接触器不动作产生的原因有线圈开路或短路、衔铁被卡住、触点动作失灵等。

用万用表测量接触器线圈两端的电阻，如阻值为零则为短路，可能是线圈受大电流冲击发热损坏了漆包线绝缘，也可能因机械损伤导致部分漆包线绝缘层损坏所致。如电阻无穷大则为开

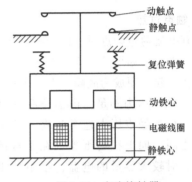

图3-16 交流接触器的结构原理图

路，拆开线圈检查，如果整个线圈完好，只有个别断点，可将其焊牢，处理好绝缘后继续使用；如果断点较多或导线外包绝缘漆层已有损伤，应将线圈整个更换。如触点动作失灵或被其他部件卡住，则应仔细调整，消除障碍物。如衔铁被卡住不能起落，应及时拆下修理。

通电后接触器如果有一相主触点不能闭合，会带来断相运行故障。由于某一相主触点损坏、接触不良或连接螺钉、卡簧松脱，动作时只有两相主触点闭合送电，造成电动机断相运行，这样很容易烧坏电动机，应立即断电，检修有故障的主触点。

2. 主触点不断开

断电后接触器主触点不断开产生的原因有触点粘连、铁心表面有油污或尘埃、机械部分被卡住等。如果是接触器触点粘连，则应仔细检查，排除粘连故障，修理或更换触点；如果是接触器铁心表面有油污或尘埃，则应清理铁心表面使其平整，但不要过于光滑，防止造成延时释放；如果是接触器机械部分被卡住，则应仔细检查并调整卡住部位；如果是复位弹簧的反作用力过小，则应调整或更换弹簧。

3. 接触器振动或噪声过大

运行中接触器发生振动或噪声过大产生的原因有许多，较常见的情况是当动、静铁心吸合时，多次撞击会发生变形和磨损，造成吸合不良，或铁心接合面有锈斑、油污或其他杂物，引起吸合面接触不紧密而振动并发出噪声，应清理铁心表面使其平整。如果是触点氧化、不平、毛刺等造成振动和噪声，要用细砂纸和锉刀进行整修；如果是触点烧损，可更换新的触点，并检查造成烧损的原因；如果是弹簧反作用力过大造成振动和噪声，应更换合适的弹簧。

【实例6】 交流接触器触点系统的检修

小型冷库的各类电气控制元件，在长期使用过程中不可避免地会出现各种形式的故障，下面对单元一中各类控制、保护器上的开关触点常见故障进行分析，并介绍检查与排除这些故障的一般方法。

可把小型冷库的各类控制、保护器理解为是一只直接或间接控制压缩机主电路通断的开关，其开关触点的动作是由通过各类控制，保护器的电流大小、电压的有无、压力的高低、油压差的差值、温度的升降来控制的。开关触点的故障主要表现在过热、磨损和熔焊等方面。

1. 触点过热

当有电流通过触点时，由于触点之间接触电阻的存在，触点不可避免地会发热，适当的温升是允许的。如果动、静触点之间接触电阻过大，温升超过允许值，严重时会使动、静触点熔焊在一起，便成为故障。引起触点过热的原因和故障的排除方法如下：

（1）触点压力不足　由于长期使用，触点和触点压力弹簧会失去弹性，造成触点压力不足。检查触点压力是否合适。可将厚 0.1mm、宽比触点稍宽的纸条，夹在闭合的动、静触点之间，向上拉动纸条。在正常情况下，对于小容量电器，稍用点力纸条应能被完整拉出；对较大容量的电器，纸条拉出时应有撕裂现象。如果纸条一拉就断，则触点压力过大。

若触点压力弹簧调整后压力仍达不到要求，应更换触点或弹簧。

（2）触点表面接触不良　导致触点表面接触不良的原因除触点之间压力不足外，还有触点接触面有氧化层或污物，增大了触点之间的接触电阻，对于银或银的合金制成的触点，氧化层可不必除去，因为银和银的氧化物电阻率相近，何况银的氧化物遇热时可还原成银。但对铜触点，较厚的氧化膜则应除去。因铜的氧化物电阻率较大，容易引起触点过热。清除这些氧化物可用电工刀或细纹锉刀，但必须保证结合处的平整。如果接触面有油污或尘垢，可用溶剂清洗擦干。

2. 触点磨损

造成触点磨损的原因有电磨损和机械磨损两种。电磨损是指由于触点之间电弧的烧灼、金属汽化蒸发使触点磨损；机械磨损是指触点在多次开合中受到撞击，在触点的接触面间产生滑动摩擦所造成的磨损。

若触点磨损不太严重，还可将就使用；若表面出现较严重的不平，可用电工刀或细纹锉刀将触点修理平整；若因磨损使触点厚度减小到原有的 2/3 ~ 1/2 时，就应该更换新触点，并查明触点消耗过快的原因。

3. 触点熔焊

动、静触点之间因发生高热使表面熔化，将两者焊接在一起且不能分断，导致电路失控，称为触点熔焊。造成触点熔焊的直接原因有两个：一个是电路电流太大，超过触点额定容量的 10 倍左右；二是触点压力弹簧严重疲劳或损坏，使触点压力减小，无法分断所致。

若触点容量小，满足不了线路载流量的要求，应更换触点容量大的电器；若系触点压力弹簧的故障，则应更换同规格的触点压力弹簧。

课题三　　小型冷库电控箱电气原理的分析

相关知识

为了使冷库正常安全工作并达到所要求的工艺指标，需要按照制冷工艺要求对各种制冷设备进行起动、停止操作，并对各类热工参数进行调节，如温度、湿度、压力、流量和液位调节等，因此，需要对冷库制冷系统进行控制与调节。冷库基本的控制与调节系统包括冷库制冷系统安全保护和冷库电气控制，大中型冷库控制与调节系统还包括制冷回路控制、制冷机组自动起停程序控制和压缩机能量调节。

一、冷库制冷系统安全保护

制冷系统安全保护系统是冷库控制与调节的必要部分，是保护设备与人身安全的重要措施。制冷系统安全保护包括压力容器安全旁通、压缩机保护、氨泵安全保护、液位超高保护、冷凝器断水保护等。

1. 压力容器安全旁通

为了确保安全，冷库制冷系统需要安装一些安全器件，如安全阀、易熔塞、紧急泄氨器等。安全阀安装在制冷系统高压侧的冷凝器、储液器上，当容器内压力高于开启压力（对于 R22 和 R717 容器为 1.8MPa）时，安全阀能自动顶开。易熔塞主要用于小型氟利昂制冷装置或不满 $1m^3$ 的容器上，可代替安全阀，当容器内压力、温度骤然升高，且温度高到一定值时，易熔塞通道内合金熔化（熔点为 75℃ 左右），制冷剂即被排出。紧急泄氨器用于大、中型氨制冷系统中，用于遇有火灾、地震等事故时，迅速排出容器中的氨液至安全处。

2. 压缩机安全保护

为了保证制冷压缩机的安全运行，必须对压缩机高低压、油压进行保护，对排气温度、油温和气缸套冷却水断水进行保护。压缩机安全保护措施见表 3-1。

表 3-1　压缩机安全保护措施

保护名称	保护器件	保护原理
高低压保护	压力控制器（如 KD、YWK 系列高低压控制器）	当压缩机排气压力高于设定值（对于 R22 和 R717 系统通常取 1.6MPa）或者吸气压力低于设定值（一般比蒸发温度低 5℃ 所对应的饱和压力）时，压力控制器的微动开关动作，切断压缩机电路电源，使压缩机停车
油压保护	压差控制器（如 JC3.5、CWK 系列油压差控制器）	当油泵出口压力与压缩机曲轴箱压力差降至设定值（一般情况下，无卸载的压缩机为 0.05～0.15MPa，有卸载的压缩机为 0.15～0.3MPa）时，压差控制器发出信号，切断压缩机电路电源，使压缩机停止运行
排气温度超高保护	温度控制器（如 WTZK 系列温度控制器）	将温度控制器的感温包贴靠在靠近压缩机排气口的排气管上，当排气温度超过设定值（一般为 140℃）时，温度控制器动作，指令压缩机作事故停机并报警

（续）

保护名称	保护器件	保护原理
油温保护	温度控制器	将温度控制器的感温包放置在压缩机曲轴箱润滑油内,油温保护设定值为70℃。对于氟利昂制冷系统,要在曲轴箱内装加热器,用于加热润滑油,将溶于油中的制冷剂蒸发出来,确保压缩机正常起动。无论是在起动加热还是在压缩机正常工作时,均不能超过70℃这个油温保护设定值
气缸冷却水套断水保护	晶体管水流继电器	在大型氨制冷活塞式压缩机中,通常在气缸上部设冷却水套,降低气缸上部的温度,避免气缸因温度过高而变形造成事故。在水套出水管安装一对电触点,有水流过时,电触点被水接通,继电器使压缩机可以起动或维持正常运行;没有水流过时,电触点不通,压缩机无法起动或执行故障性停车

二、冷库电气控制安全保护

冷库电气控制是通过电气控制线路实现的，一个完整的冷库电气控制线路除了要按工艺要求起动与停止压缩机、冷风机、氨泵、冷却水泵、除霜加热器等设备外，还要能实现温度、压力、液位等参数的控制与调节，并且必须具备短路保护、失压保护（零电压保护）、断相保护、设备过载保护等保护功能，同时还能反映制冷系统工作状况，进行事故报警，并指示故障原因。冷库电气控制安全保护措施见表3-2。

表 3-2　冷库电气控制安全保护措施

安全保护名称	保护器件	保护原理
短路保护	断路器	短路保护是指当电动机或其他电器、电路发生短路事故时,电路本身具有迅速切断电源的保护能力。当电动机或其他电器、电路发生短路事故时,电力电流剧增很多倍,断路器迅速自动跳闸,使电路和电源隔离,达到保护目的
失压保护（零电压保护）	接触器起动按钮	失压保护(零电压保护)是指当电源突然断电,电动机或其他电器停车后,若电源突然恢复供电时,电动机或其他电器不会自行通电起动的保护能力。在制冷系统电气控制电路中,通常采用接触器常开触点与起动按钮并联构成互锁环节,达到失压保护的目的
断相与相序保护	断相与相序保护器	断相保护是指能在三相交流电动机的任一相工作电源缺少时,及时切断电动机的工作电源,可防止电动机因断相运行而导致绕组过热损坏的保护。相序保护是指被保护线路的电源输入相序错,立即切断电动机的工作电源,可防止电动机反相运行的保护
设备过载保护	电动机综合保护器或热继电器	过载保护是指当电动机或其他电器超载时,在一定时间内及时切断主电源电路的保护。目前,电动机综合保护器设置有断相、电流过载的保护功能

三、小型冷库的电气控制

小型冷库的被控制设备不多，控制器件也不多，控制原理相对简单。一般小型冷库的被控制设备主要有压缩机、冷风机、电除霜器、曲轴箱加热器、冷却水泵、指示灯等，控制器件主要有断路器、微处理器温控器、交流接触器、过热继电器、电机综合保护器等，这些控制器件集中安装在电控箱内。使用冷库电控器来控制小型冷库的运行，有"自动"和"手动"两种工作方式。自动运行模式是将电控箱内的全部开关置于"自动"位置，冷库将按照预先设置的参数自动运行；手动工作模式则是将电控箱内的全部开关置于中间位置，分别调整压缩机、冷风机、除霜器选择开关至"手动"位置，以实现手动对压缩机、冷风机及除霜器的控制。

采用微处理器温控器的冷库电控箱的电气控制框图如图 3-17 所示，MTC-5060 微处理器温控器外观如图 3-18 所示。通过微处理器温控器操作界面的按键，可设置和查询库温、机组运行参数，也可独立进行强制制冷、强制除霜操作。库温传感器和除霜传感器将实时输入当前库温和当前除霜器温度，以控制机组的运行状态。微处理器温控器通过对操作信号和温度信号的处理，将执行相应的动作，如压缩机起动和停机、冷风机起动和停机、除霜起动和结束、报警输出等，同时运行指示灯状态发生相应的变化。若传感器发生故障，则在显示屏上显示相应的故障码。

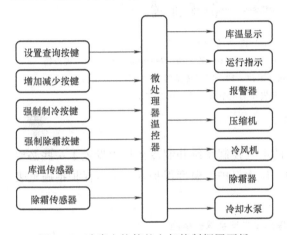

图 3-17　冷库电控箱的电气控制框图面板

图 3-18　MTC-5060 微处理器温控器显示与操作

典型实例

【实例 1】 小型装配式冷库制冷系统的安全保护

1. 识读制冷系统原理图

图 3-19 为小型装配式冷库制冷系统原理图，图中是由一台压缩冷凝机组（包括压缩机、冷凝器和冷凝风机）、一个低温库冷风机、一个高温库冷风机和一台储液器组成的制冷系统。

制冷剂液体经干燥过滤器流到热力膨胀阀向高低温库供液，在每个热力膨胀阀前，装有电磁阀，由温度控制器分别控制。温度控制器根据感温包处的温度来开关电磁阀。从低温库蒸发器来的吸气管路上装有止回阀，此阀在压缩机停止运行期间，可以防止制冷剂回流到低温库蒸发器。从高温库蒸发器来的吸气管路上装有蒸发压力调节器，可维持蒸发压力固定在冷藏室所需温度。压差控制器是一台高低压组合控制器，可防止压缩机吸气压力过低或排气压力过高，从而保护制冷装置。

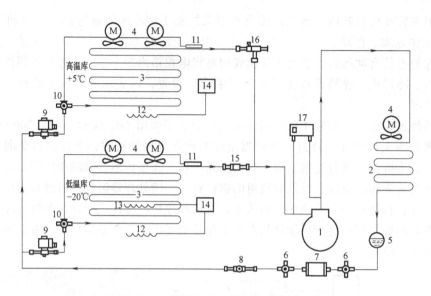

图 3-19 小型装配式冷库制冷系统原理图

1—压缩机   2—冷凝器   3—冷风机   4—风扇电动机   5—储液器   6—截止阀   7—干燥过滤器   8—视液镜

9—电磁阀   10—热力膨胀阀   11—热力膨胀阀感温包   12—库温传感器   13—除霜传感器

14—温度控制器   15—止回阀   16—蒸发压力调节阀   17—压差控制器

2. 分析制冷系统的安全保护

为了使制冷系统安全正常地工作，在冷库的电气控制系统和制冷系统中设置了一些必要的安全保护措施，如电路保护、设备过载保护、压力保护、温度保护等。安全保护措施见表3-3。

表 3-3 小型装配式冷库的主要安全保护措施

安全保护名称	安全保护目的	安全保护措施
短路保护	当电动机或其他电器、电路发生短路事故时，电路本身迅速切断电源，防止事故扩大	当电动机或其他电器、电路发生短路事故时，电力电流剧增很多倍，断路器自动跳闸，使电路和电源隔离，达到保护目的
电动机断相与过载保护	在三相交流电动机的任一相工作电源缺少、三相电流过低或电动机超载时，及时切断电动机的工作电源，保护电动机	在电控箱中安装电动机综合保护器，设置有断相、电流过载的保护功能
压缩机热保护	当某种原因造成压缩机电动机线圈热量增加而又不能良好地冷却时，线圈热量就会积累性地增加，严重时就会烧毁线圈。电子保护器件能有效地保证电动机在正常温升下运行	压缩机为半封闭压缩机时，其电动机线圈设在低压侧，正常情况下，线圈运行产生的热量被低压工质气体冷却。电子保护器DJ设在压缩机接线盒内，当线圈温度达到限制值时，电子保护器就会经中间继电器切断压缩机电源，压缩机停止运转
除霜过热保护	控制除霜加热器的加热温度，防止冷风机内蒸发盘管温度过高，从而维持库房温度的稳定	执行除霜程序时，除霜加热器通电发热，融化冷风机内的结霜，霜水经管道流出库外。设置除霜温度传感器，检测到蒸发器内的温度上升到一定值时，温控器动作，使除霜加热器停止供电，达到除霜过热保护的目的

（续）

安全保护名称	安全保护目的	安全保护措施
压缩机高低压保护	控制吸、排气压力，可防止压缩机吸气压力过低或排气压力过高，从而保护压缩机	当压力超过调定值时，高低压控制器能切断压缩机的控制电源，待排除压力过高或过低的原因后，需手动复位，压缩机电源才能接通，避免发生严重事故及频繁开机

【实例2】 小型冷库电控箱电气原理的分析

1. ECB5060型冷库电控箱电气原理的分析

ECB5060型冷库电控箱采用MTC-5060型微处理器温控器，是一款人机界面良好、操作简单、温度控制较为精确，具有压缩机多重保护的多功能电控箱。机组适用范围为5HP～15HP，测控温度范围为-50～+50℃，测控温度精度为±1℃，控制压缩机、冷风机最大容量为5.5～15kW，控制除霜器最大容量为5.5～15kW。电控箱外形及内部结构如图3-20所示。

图3-20 ECB5060型冷库电控箱的外形及内部结构

该电控箱电气控制原理图如图3-21所示，该电路有5个主回路和2个控制回路。自动/手动开关SA置于中间位置时，当断路器闭合后，首先得电通电的主回路是曲轴加热器回路、电源指示灯回路和微处理器温控器回路，这样电源指示灯HL1点亮、曲轴加热器和微处理器温控器开始工作。此时，将自动/手动开关SA置于手动位置时，压缩机控制回路直接得电通电，交流接触器KM1得电，压缩机主回路通电，则压缩机开始工作，制冷指示灯HL2点亮，同时常闭触点KM1断开，曲轴加热器回路失电，曲轴加热器停止工作；若将自动/手动开关SA置于自动位置时，则需要压缩机延时时间超过设定延时（一般设置3min）及非除霜状态下库温≥设定开机温度时或强制制冷时，温控器内制冷触点BT1闭合，压缩机控制回路才得电通电，让压缩机起动运行，同时制冷指示灯HL2点亮。当满足下列条件之一时，温控器内制冷触点BT1断开，压缩机停止工作，制冷指示灯HL2灭：①自动/手动开关SA置于中间位置；②在自动运行状态下，库温≤设定停机温度时或电热除霜开始时或强制制冷结束。

在自动运行状态下，同时满足以下4个条件，温控器内除霜触点BT2闭合，除霜控制回路通电，使除霜器主回路通电，除霜器开始工作，除霜指示灯HL3点亮：①除霜时间设置不为0时（出厂设定30min）；②除霜周期设置不为0时（出厂设定6h）；③除霜传感器温度小于设置的除霜停止温度；④除霜周期设定时间到，或强制除霜开始。在自动运行状态下，满足以下任一条件，温控器内除霜触点 BT2 断开，除霜控制回路失电，除霜器结束工作，除霜指示灯 HL3 灭：①除霜时间设置为 0 时；②除霜周期设置为 0 时；③除霜温度高于除霜停止温度；④除霜运行时间结束；⑤除霜时按"强制除霜"键结束除霜。

在机组正常运行过程中，遇到紧急情况，则按下急停按钮 SB，切断所有控制回路的供电，使机组全部停机；若出现过热保护或压力保护或电动机保护故障，则压缩机控制回路失电，使压缩机停机，以保护压缩机。在运行状态下，当发生传感器故障、传感器温度超量程或传感器温度超限时，报警器报警，同时显示屏出现故障代码闪烁。若库温传感器故障或库温超限，压缩机则按照停 30min、开 15min 的方式交替运行；若除霜传感器故障或除霜温度超限，则除霜按照设定的除霜周期和除霜时间运行。

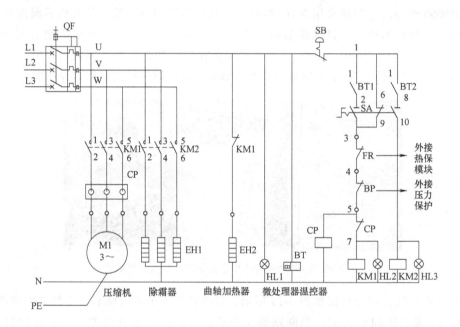

图 3-21　ECB5060 型冷库电控箱电气控制原理图

QF—断路器　KM1~KM2—交流接触器　CP—电动机综合保护器　M1—压缩机　EH1—除霜器

SB—急停按钮　EH2—曲轴加热器　HL1~HL3—电源、制冷、除霜指示灯　SA—自动/手动开关

BT—微处理器温控器　BT1—温控器内制冷触点　BT2—温控器内除霜触点

2. ECB30 型冷库电控箱电气原理的分析

ECB30 型冷库电控箱采用 STC-9200 型微处理器温控器，具有双传感器设置，可同时控制 3 路负载，功能完备，保护全面，操作便利，性能稳定可靠。机组适用范围为 5HP ~ 15HP，测控温度范围为 −40 ~ +50℃，测控温度精度：−10 ~ +10℃ 时为 ±0.5℃，其余为 ±1℃，控制压缩机最大容量为 5.5~15kW，控制冷风机最大容量为 4kW，控制除霜器最大容量为 5.5~11kW。电控箱外形及内部结构如图 3-22 所示。

该电控箱电气控制原理图如图 3-23 所示，该电路有 6 个主回路和 3 个控制回路。

自动/手动开关 SA1、SA2、SA3 均置于中间位置时，当断路器闭合后，首先得电通电的主回路是曲轴加热器回路、电源指示灯回路和微处理器温控器回路，这样电源指示灯 HL1 点亮、曲轴加热器和微处理器温控器开始工作。此时，将自动/手动开关 SA1、SA2、SA3 分

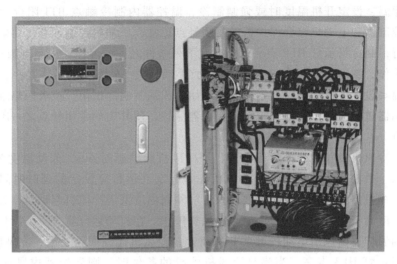

图 3-22 ECB30 型冷库电控箱的外形及内部结构

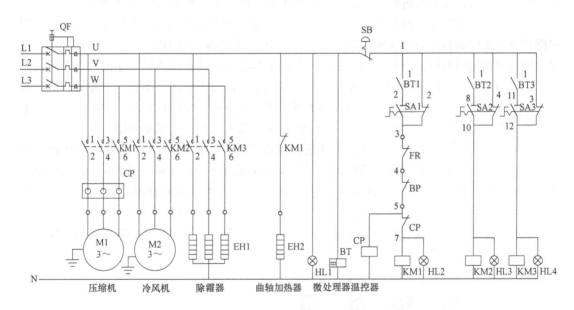

图 3-23 ECB30 型冷库电控箱电气控制原理图

QF—断路器 KM1、KM2、KM3—交流接触器 CP—电动机综合保护器 M1、M2—压缩机、冷风机

EH1、EH2—除霜器、曲轴加热器 SB—急停按钮 HL1~HL4—电源、制冷、风扇电动机、除霜指示灯

SA1~SA3—制冷、风扇电动机、除霜自动/手动开关 FR—外接过热保护 BP—外接压力保护 BT—微

处理器温控器 BT1—温控器内制冷触点 BT2—温控器内风扇电动机触点 BT3—温控器内除霜触点

别置于手动位置时,可分别测试起动压缩机、冷风机或除霜器工作,同时制冷指示灯 HL2、风扇电动机指示灯 HL3 或除霜指示灯 HL4 点亮。当压缩机工作时,常闭触点 KM1 断开,曲轴加热器回路失电,曲轴加热器停止工作。若将自动/手动开关 SA1、SA2、SA3 均置于自动位置时,则当满足压缩机、冷风机或除霜器的工作条件时,这 3 个控制回路得以通电,让设备起动运行。

当同时满足以下两个条件时:①压缩机延时时间超过设定延时(一般设置 3min);②非

除霜状态下库温≥设定开机温度时或强制制冷，温控器内制冷触点 BT1 闭合，若外接热继电器、压力控制器和电动机综合保护器的常闭触点正常，压缩机控制回路才得电通电，让压缩机起动运行，制冷指示灯 HL2 点亮。当满足下列条件之一，温控器内制冷触点 BT1 断开，压缩机停止工作，制冷指示灯 HL2 灭：①自动/手动开关 SA 置于中间位置；②在自动运行状态下，库温≤设定停机温度时或电热除霜开始时或强制制冷结束。或者因热继电器过热保护、压力控制器过压力保护、电动机综合保护器保护，使其中的常闭触点之一断开，压缩机也会失电停机。

出厂时，冷风机设置为受控运行模式，即冷风机起动延时 60s，起动温度为-10℃，停止温度为-5℃。在这种工作模式下，冷风机先行起动并运行完设定的延时时间后，压缩机才能起动，压缩机停止时，冷风机随之停止。当除霜温度低于冷风机起动温度时，冷风机起动；当除霜温度高于冷风机起动温度时，冷风机停止。在自动运行状态下，满足冷风机起动的条件时，则温控器内风扇电动机触点 BT2 闭合，冷风机控制回路通电，冷风机开始工作，风扇电动机指示灯 HL3 点亮。当满足冷风机停机的条件时，则温控器内风扇电动机触点 BT2 断开，冷风机控制回路失电，冷风机停止工作，风扇电动机指示灯 HL3 熄灭。

在自动运行状态下，同时满足以下 4 个条件，温控器内除霜触点 BT3 闭合，除霜控制回路通电，使除霜器主回路通电，除霜器开始工作，除霜指示灯 HL4 点亮：①除霜延时满足设定的除霜延时时间（出厂设定 2min）；②除霜温度小于设置的除霜停止温度；③除霜周期设定时间到，或强制除霜开始。在自动运行状态下，满足以下任一条件，温控器内除霜触点 BT3 断开，除霜控制回路失电，除霜器结束工作，除霜指示灯 HL3 灭：①除霜温度高于除霜停止温度；②除霜运行时间结束；③除霜时按"强制除霜"键结束除霜。

在机组正常运行过程中，遇到紧急情况，则按下急停按钮 SB，切断所有控制回路的供电，使机组全部停机；若出现过热保护、压力保护或电动机保护故障，则压缩机控制回路失电，使压缩机停机，以保护压缩机。当库温超限（超出-50～+50℃范围）或库温传感器故障，报警器报警，显示屏闪烁显示故障代码，此时，压缩机按照每停止 45min、运行 15min 的方式交替运行。若除霜传感器故障或除霜温度超限，则除霜按照设定的除霜周期和除霜时间运行。

习 题 练 习

简答题

1. 简述压力控制器的作用。

2. 简述压力控制器的安装位置。

3. 简述油压差控制器的作用。

4. 简述油压差控制器的安装位置。

5. 简述冷藏箱控制电路的起动运行过程。

6. 简述冷库电气控制安全保护措施。

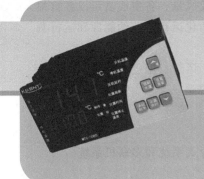

第四单元
户式中央空调电气控制基础与技能

户式中央空调电气控制基础与技能 ─── 常用户式中央空调的3种类型及其特点

多联机制冷管路系统的组成

数码涡旋多联机室外控制电路的组成

数码涡旋多联机室外控制电路的检修

目的与要求

1. 知道户式中央空调的特点，能说出常用户式中央空调的3种类型及其特点，能指出多联机制冷管路系统的组成。

2. 能指出数码涡旋多联机室外控制电路的组成，能按要求完成数码涡旋多联机室外控制电路的检修。

重点与难点

重点：按要求完成数码涡旋多联机室外控制电路的检修。

难点：数码涡旋多联机室外控制电路的组成。

相关知识

一、户式中央空调的特点

户式中央空调又称为家用中央空调，是一个小型化的独立空调系统。在制冷方式和基本构造上类似于大型中央空调。由一台主机通过风管或冷热水管连接多个末端出风口，将冷暖气送到不同区域，来实现室内空气调节的目的。户式中央空调的设计采用多种送风方式，能够根据房型的具体情况制定不同的方案。

户式中央空调机组额定电压多为220V、单相（或380V、三相）、50Hz，适于家用或商住两用。每台室内机均可通过独立的温度控制器随意调节温度及风量，各室成员可以各自根据对空气的清新舒适要求进行调节，主机可根据实际负荷作自动化运行，节约能源和运行费用，智能化的运行比家用空调器省电 30%。

户式中央空调室内机组静音运行，冷暖可调，送风角度好，风量、温度分布均匀，同一空间的温差在±1℃左右，适宜的温度、湿度、风速，使人倍感舒适。

二、户式中央空调的分类

常用户式中央空调大体可分为 3 种类型：风冷式系统、水冷式系统和多联机系统。

1. 风冷式系统

风冷式系统以空气为输送介质，由一台室内机连接多个风口至各个房间。它的工作原理与大型全空气中央空调系统基本相同，是一个小型化的全空气中央空调系统。系统由室外主机集中产生冷、热量，将从室内导出的回风进行冷却、加热处理，然后再送入室内，承载该空间的空调（冷、热）负荷。较之其他户式中央空调机型式，风冷式系统的投资较小，若再采用新风功能，室内的空气质量可以得到较大的改善。但风冷式系统的空气输配系统要占用较大的建筑空间，因此要求住宅要有较大的层高，这样就会增加建筑的成本。

2. 水冷式系统

水冷式系统是大型中央空调系统的微型版，其室内机之间通过水管连接。水冷式系统的输送介质通常是水或乙二醇溶液，它的基本工作原理与通常的风机盘管系统类似。由室外主机集中产生出空调器冷/热水，通过管路系统输送至室内的各末端装置，在末端装置处，冷/热水与室内空气进行热量交换，产生出冷/热风，从而承载房间空调器负荷。它是一种集中产生冷/热量，但分散处理各房间负荷的空调系统形式。系统室内的末端装置通常为风机盘管。目前，一般的风机盘管均可以调节其风扇电动机转速，从而调节送入室内的冷/热量，因此，该系统可以对每个空调器房间进行单独调节，匹配不同房间不同的空调器负荷，这样的功能也使其具有较好的调节性能。此外，由于冷/热水机组的输配系统所占空间很小，因此一般不受建筑层高的限制，与建筑环境的适应性好。但此种系统难以引进新风，无法进行空气质量的调节，对于密闭的房间，舒适性会较差。

3. 多联机系统

多联机系统是指由一台以上的单元式空调器室外机，通过分歧管直接将制冷剂输送到多台空调器室内机的空气调节制冷设备，简称为多联机。通过控制压缩机的制冷剂循环量和进入室内各换热器的制冷剂流量，可以适时地满足室内冷、热负荷要求，多联机系统具有节能、舒适、运转平稳等诸多优点，而且各房间可独立调节，能满足不同房间不同空调器负荷的需求。多联机的室外机一般集成了压缩机、冷凝器和电子膨胀阀，其中多以表面式冷凝器为主，有些为水冷式冷凝器，则需要配备冷却塔。多联机的室外机与家用空调器的室外机外观和结构基本类似，但内部的管道及管道控制非常复杂。多联机的室内机集成了蒸发器和电子膨胀阀，相对于家用空调器室内机，多联机的室内机的结构形式非常丰富，包括挂壁式、嵌入式、风管式和座吊两用式等。

多联机采用一台主机与多个末端分离安装的方式，主机安装在室外阳台的"隐蔽"处，功能比家用空调器多，能同时供多个房间的供热或供冷，可以根据室内空调器负荷的大小，自动地调节系统的容量，因此具有节能、舒适和运转平稳等诸多优点，而且各房间可独立调节，能满足不同房间的不同空调器负荷的需求。另外，室内机的组合形式比较灵活，可以像水机那样做成局部风管机，不管房间结构多么复杂，冷/热风都可以送到房间的任何一个角落，只不过空气处理机组的蒸发器走的是制冷剂而不是水。

风冷式系统、水冷式系统和多联机系统优缺点的对比，可参考表 4-1。

表 4-1　各系统户式中央空调器的优缺点对比

系统	水冷式系统	风冷式系统	多联机系统
优点	每个房间可单独控制,节能性好于风冷式系统,水量调节没有冷媒调节来得快,故节能性不如冷媒系统	初投资较低,风口设置灵活,可提供新风	每个房间可以单独控制。换热效率高,节能性好。局部吊顶,空间影响小。系统维护方便,无漏水隐患,初期投资低
缺点	存在漏水隐患,换热效率较低,维护麻烦	层高要求高,维护麻烦,噪声大,难以单独调节,能效比低	设计要求高,管道超过 15m 冷量损失严重,反而不节能

三、典型的多联机制冷管路系统

相对于家用空调器的简单制冷管路系统，多联机的制冷管路系统就显得非常复杂，尤其是室外机管路系统。该管路系统的管道上设有很多电控阀，以便对制冷剂运行状态进行各种合理控制，从而提高运行效率，但这也同样增加了维修的难度，实际维修中也发现很多故障出现在控制阀上。由于这类故障往往不容易被发现，但个别控制阀的故障并不会导致空调器停止运转，这类故障的表现是制冷剂不能按设计要求和使用工况正常流动、整机保护次数多、机器不能满负荷工作、制冷/制热效果差等。

为某公司生产的数码涡旋多联机室外机制冷系统示意图如图 4-1 所示。下面以图 4-1 为例，介绍室外机管路控制原理以及各类控制阀出现问题时的工况变化状况和整机故障表现。

1. 电子膨胀阀的控制功能与检修

1）室外机电子膨胀阀 EXV-A、EXV-B 在制冷运行时全开启，在制热运行时起到节流作用。室外机电子膨胀阀 EXV-C 和 EXV-D 制冷时关闭，制热运行时作为第一节流喷射使用，而 EXV-A、EXV-B 则作为第二节流，以便制造更低的节流压力温度，吸取更多的环境热。

2）初始上电时，室内机电子膨胀阀及外机的电子膨胀阀 EXV-A、EXV-B 都先关闭，然后打开处于待机状态，在压缩机起动后开至目标开度。室外机电子膨胀阀 EXV-C 和 EXV-D 先关闭，然后打开，处于喷射待机开度状态。

3）运行过程中收到关机指令，压缩机全部停止后，所有电子膨胀阀先关闭，然后开到一定的开度处于待机状态。多个模块组合运行过程中收到关机指令，主机运行，从机停机时，从机所有电子膨胀阀关闭。

如果电子膨胀阀 EXV-A、EXV-B 之一不能打开，则制冷基本不能实现，制热也受影响；如果电子膨胀阀 EXV-A、EXV-B 不能闭合，则制冷无影响，制热基本无效果。

2. 四通阀的控制功能与检修

（1）四通阀 ST1　改变制冷剂的流向，起到制冷/制热切换的作用。

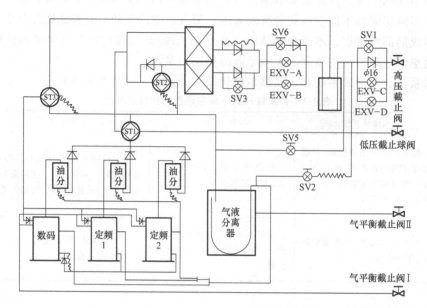

图 4-1 数码涡旋多联机室外机制冷系统示意图

（2）四通阀 ST2 制冷时起辅助作用，当能力需求降低≤12 时，四通阀关闭，减少换热面积，减少阻力损失。制热时，该四通阀掉电一直关闭。

室外冷凝器分为上、下两个相对独立的部分。制冷负荷比较小时，该阀关闭，只使用上部的冷凝器；制冷负荷大时，该阀打开，下部冷凝器也被启用。检修时，当所有室内机打开并调到全负荷制冷时该阀一定自动打开，可以用手触摸到制冷剂的流动情况，否则该阀坏。当然，也可能出现泄漏的情况。这两种情况其实对空调器运行影响不大。

（3）四通阀 ST3 制热运行时室外环境温度过低时开启，使部分室内机过来的制冷剂不经过冷凝器直接回到压缩机中。初次上电开启 90s，制冷和待机状态关闭。ST3 换向由主机统一控制，只要有一个模块要关闭 ST3，则所有模块都关闭 ST3。

该四通阀如果泄漏，则影响制冷/制热效果。如果制热时卡死不能换向，则对制热的影响不大；如果制冷时卡死不能关闭，则制冷无效果。明白了控制机理，就可以通过测量压力，结合手触摸其制冷剂的流动状况进行判断。

3. 电磁阀的控制功能与检修

（1）电磁阀 SV1 模块并联时用，外机运行制冷状态则开，制热状态一般关，无需喷气增焓时开，停机则关。该阀损坏对制冷/制热影响不大。

（2）电磁阀 SV2 制冷时，如果环境温度过高，则电磁阀 SV2 会开启，少量的液体制冷剂可直接回流到吸气总管中，以冷却压缩机，防止排气温度过高。当压缩机频繁出现过热保护时，就要检查该阀是否打不开。如果该阀一直开启，则影响制冷/制热效果。

（3）电磁阀 SV3 制热时起作用，根据室内管温来决定是否开启。该阀故障会影响制热效果。

（4）电磁阀 SV5 除霜打开时减少冷媒流动阻力及循环时间，制热时起缩短除霜时间的作用。该阀若故障一直打开，则制冷基本不能实现，制热效果也变差。

（5）电磁阀 SV6　制冷刚开启时打开 10min 后，根据排气温度调节。当排气温度不小于 90℃时，立即开启，强制制冷时也会开启。该阀故障时，排气温度不高则影响不大，若排气温度超过 90℃时，影响制冷效果，压缩机可能出现过热保护。

典型实例

【实例 1】　数码涡旋多联机室外控制电路的分析

图 4-2 是某品牌 MDV-D450（16）W/S-830 型数码涡旋多联机室外机接线原理图。电路板和外围元器件全部安装在一个电气盒中，外围电器包括一台数码涡旋压缩机和两台定频压缩机（小负荷机型仅一台）。

通过仔细观察分析，可以理清强电输入路径、各种输入/输出信号的位置，以及各种信号的检查方法等。

1. 电源输入路径

三相电源经过断路器引入接线座 XT2。通过 XT2 接线座后三相电源接入了电路板的 3 个电流互感器，供过电流保护电路感受三相相线是否过电流。之后，三相电分别接入交流接触器 KM1、KM2、KM3 的 3 个主触点，为定频压缩机和涡旋压缩机提供电源。同时，三相相线和中性线也接入了主板的相序检查电路入口，提供主板进行相序检测，其中的 L3 相和中性线也作为主板的供电电源，一是为各控制继电器提供 220V 交流相线，二是转变为 5V、12V 直流电供给电路板上的各个分立电路和芯片使用。

负载转换接板实际上是一个简单的印制电路板，其上有 3 对 6 个相通的插片接 C 相相线，此相线从电路板 CN25 接过来，供给 KM4~KM7 使用。10 对 20 个相通的插片接中性线，此中性线从 XT2 引过来。3 个压缩机交流接触器线圈、两台风扇电动机、9 个电磁类控制阀回路都是在此接中性线。

2. 各个驱动信号输出

观察整个控制系统接线图，可以看出电路板有 9 个继电器，通过输出信号端 CN19 控制定频压缩机 1 的交流接触器 KM1 线圈，定频压缩机 2 的交流接触器 KM2 线圈，SV1、SV2 和 ST1 的相线通断，通过输出信号端口 CN20 控制 SV4、SV5、数码涡旋压缩机的交流接触器 KM3 线圈的相线通断，通过输出接线端口 CN18 控制 SV3 的相线通断。

通过 CN17 端口的弱电信号，控制 4 个较大功率的继电器 KM4~KM7（设置在电路板外围），分别控制室外风扇电动机高风、低风，SV6、ST2 的相线通断（此相线由负载转换板 L3 相相线过来）。

数码负荷调节强电信号通过 CN14 输出，其电路板内部有一个光耦合器晶闸管驱动电路，由单片机调制 PWM 控制信号，通过光耦合器驱动晶闸管的开闭，进而控制负荷调节阀开闭。

CN16 端口为电子膨胀阀 A 提供驱动信号，CN15 端口为电子膨胀阀 8 提供驱动信号。

3. 传感信号

观察分析接线图 4-2 可知，一些电路板接口是与传感器相连的，分别是：2 号定频压缩机排气温度检测端口、1 号定频压缩机排气温度检测端口、数码压缩机排气温度检测端口、室外环境温度检测端口、室外冷凝器盘管温度检测端口、系统低压检测开关信号输入端口、系统高压检测开关信号输入端口、室外机之间通信端口和室内外机通信端口。除系统压力检测信号为 220V 强电外，其他信号均为弱电信号。

4. 电气控制系统检修

进行电量测量时，一定要注意分清强电和弱电，也要非常注意强电的中性线（俗称零线）与弱电（俗称"零"）的公共端绝不能混淆。测量强电时，选择万用表交流档合适的量程（一般是调到最高档位，再根据测量值逐渐往下调整到合适档位），两只表笔接触强电的任何相线和中性线都是安全的。测量弱电时，选择万用表直流档合适的量程（同样是调到最高档位，再根据测量值逐渐往下调整到合适档位），黑表笔首先要接触弱电的公共端（三端稳压集成块中间脚或其固定在散热翅片上的螺钉是弱电公共端），之后红表笔才可以测量其他的弱电位，测量弱电电量时，两只表笔决不能接触强电的中性线或相线，否则就会烧坏电路板，并造成电源短路。

多联机电气控制系统的维修首先是强电部分的维修，包括检修电气执行元件、触点式控制器和触点式传感控制器，与家用空调器电气控制系统的维修不同，多联机强电的维修一定要仔细查看接线原理图和接线与调试说明书。

检修顺序如下：检测供电是否正常。检测是否是制冷系统的故障→查看哪个执行机构不能动作→测量该机构是否有正常的电信号送到→断电情况下检测其阻值，判断执行机构是否损坏→触点式控制器是否损坏→检测相关的触点式传感控制器是否损坏→检测插接在电路板上的各种电子传感器是否损坏→检测电路板对应的控制电路是否损坏→修复或更换。

概括如下：

1）查看故障码，首先分清是哪一类故障。

2）观察故障现象，区分故障是属于制冷系统还是电气控制系统，属于纯制冷系统的故障类别非常少也比较容易修（制冷剂不足、系统有水分或空气杂质、换热器集尘、振动等），绝大部分是由电气故障引起。

3）检测电源是否正常。

4）检测接线是否正确、牢固，检查接插件是否生锈氧化，特别是一些弱电的接插件因为氧化电阻变大变得接触不良。

5）观测各元器件是否损坏。

6）检测电气执行元件是否损坏。

7）检测控制执行元件的各类交流接触器、继电器等触点式控制器是否损坏。

8）检查如电容、电感等孤立电气元件是否损坏。

9）检测相关的触点式传感控制器（压力开关等）、电子式传感器（温度探头等）是否损坏。

10）观测电路板电子元件的焊接是否松脱，有无烧损现象。

11）检测直接连接电路板的各种电子式温度传感器是否损坏。

12）检测各个驱动端口信号是否正常（多为强电）。

13）检测各个传感信号端口是否正常（多为弱电）。

14）检测其他端口的信号是否正常。

【实例 2】 数码涡旋多联机室外控制电路的检修

一、数码涡旋多联机室外机控制电路的组成

与交流变频多联机相比，数码涡旋多联机室外机控制电路相对要简单得多，图 4-3 为 DV-IM50（16）W/S-830 型数码涡旋室外电路板控制电路原理图。该控制电路由两部分构成：以 UPD78F9166 为核心的控制电路和以 UPD780034 为核心的控制电路。

以单片机 UPD78F9166 为核心的控制电路如图 4-3a 所示。其外围分立电路包括：12V、5V 直流电源电路，网络地址设定电路，三相电源相序检测电路，数码涡旋压缩机排气温度检测电路，定频压缩机排气温度检测电路（连同预留共有 4 个温度检测电路），功能选择电路，计费电表通信电路 CN4，网络地址设定电路 CN3，复位电路，晶振电路和运行指示电路等。

以单片机 UPD780034 为核心的控制电路如图 4-3b 所示。其外围分立电路包括：电子膨胀阀 A、电子膨胀阀 B、四通阀 ST2、电磁阀 SV6、室外风扇电动机高风、室外风扇电动机低风、电磁阀 SV3、数码压缩机交流接触器、定频压缩机交流接触器、电磁阀 SV1、电磁阀 SV2、四通阀 ST1、电磁阀 SV5、电磁阀 SV4 驱动电路，PWM 负载控制电磁阀驱动电路，晶振电路，复位电路，数码管驱动显示电路，T3 冷凝器管温、T4 室外环温电路，室外机能力设定开关电路，室外机地址设定开关电路，室外机之间通信电路，室内外机通信电路，数码压缩机过电流检测电路，定频压缩机过电流检测电路，低压压力保护电路，高压压力保护电路和点检与强制制冷电路。

UPD78F9166 单片机的 27 脚接收来自 UPD780034 单片机 52 脚发出的信号，UPD78F9166 单片机的 26 脚发出信号至 UPD780034 单片机的 57 脚，故两部分控制电路之间通过这种方式进行联系。

对于多数码涡旋室外微处理器控制电路，由于涉及室内外机通信、管道制冷剂控制、网络控制、室外机模块化组合、数码控制负荷等多种功能控制要求，故其外围分立控制电路比家用空调器要多出很多，但是通过比较可知，其大部分分立电路的控制原理是相同的。

二、数码涡旋多联机室外机控制电路的检修

1. 电源电路

电源电路包括交流部分和直流部分，分别如图 4-4 及图 4-5 所示。交流部分主要控制功能是对过载、短路等进行有效保护，并对强电中的浪涌、杂波和干扰进行过滤。直流电路部分的作用是获得稳定的 12V 和 5V 直流电压，供电路板上的外围电路和单片机使用。

2. 复位电路

复位电路的作用是确保单片机系统中电路稳定可靠地工作，上电时单片机内部清零（也有高电平复位置1），就好像运动场上的"各就各位"，以便为机组运行做好准备，同时当电源欠电压时起到复位停机保护功能，复位时整机不能工作。有时，在设计完单片机系统、并在实验室调试成功后，在现场却出现了"死机""程序走飞"等现象，这主要是单片机的复位电路设计不可靠引起的。

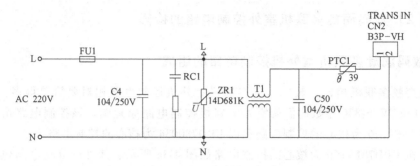

图 4-4　电源电路交流部分

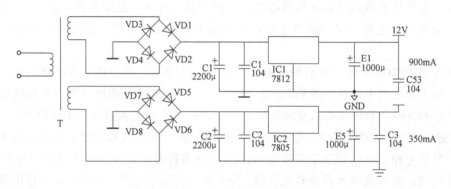

图 4-5　电源电路直流部分

图 4-6 所示的是 KIA7042 内部的电路框图。它是一种复合型的比较器复位电路，当电压下降到某个程度时，由于稳压二极管的作用，电压比较器的反相输入端的电压被进一步拉低，电压比较器输出高电平，晶体管饱和导通，OUT 与 GND 接通变为低电平，给单片机复位。

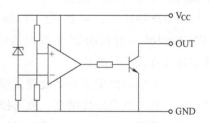

图 4-6　KIA7042 内部的电路框图

如图 4-7 所示，系统上电或系统电源电压跌落到某一规定值时，复位芯片输出一个低电平复位信号，复位开始。当电源电压达到规定值以上时，复位芯片输出将变为高阻状态，此时，电源通过 R 对 C 充电，当电压升高到一定值时复位结束。因为微处理器（MCU）对复位信号的持续时间有要求，复位信号必须大于 $10\mu s$ 才可使 MCU 复位，所以在 KIA7042 的 OUT 输出端接入 RC 延时电路。图 4-7a 为 UPD78F9166 单片机的复位电路实际应用，图 4-7b 为 UPD780034 单片机的复位电路实际应用。两个复位电路的控制原理基本相同，图中 IC3、IC4 为欠电压复位集成单片机 KIA7042，C6 为复位电容，C35 为电源抗干扰电容，R23、R31 为逐流电阻，R63、R72 为限流保护电阻。

控制原理如下：以图 4-7a 为例，初始上电时，复位电容 C6 采集到零电位给到单片机复位脚 40 脚进行清零复位，之后快速充电变为 5V 高电平，复位结束。当电源电压过低时，IC3 的 3 脚发出低电平，欠电压复位开始。

常见故障及检修：常见故障为复位电容或复位集成芯片损坏，表现为整机不工作。使用万用表测量单片机 40 脚的电位，正常时上电初期电平由 0V 升至 5V。

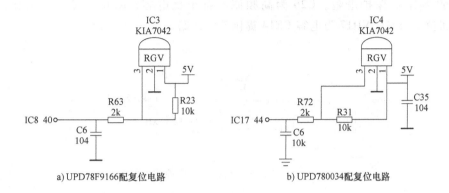

a) UPD78F9166配复位电路   b) UPD780034配复位电路

图 4-7　单片机配复位电路

3. 开关输入电路

开关输入电路如图 4-8 所示，SB3 为强制
制冷按钮，SB4 为点检按钮。R30、R29 为上拉
电阻。R71、R76 为限流电阻。按下开关时，
单片机接收到低电平，即低电平有效，平时为
高电平。该电路一般不会产生故障。

4. 高低压力保护电路

高低压力保护电路的作用是当制冷剂高压
压力超过压力上限，或低压压力低过设定下限
时，就会停止压缩机的运行，以保护压缩机不

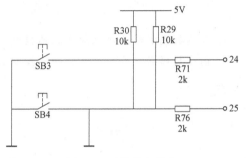

图 4-8　开关输入电路

会因压力过高过载或因压力过低过热而损坏。图 4-9 为高压压力保护电路，图示为压力开关
常闭状态，二极管 VD28 起钳位作用，保证入单片机的电位不超过 5V，二极管 VD26 为放电
兼钳位二极管，R38 为上拉分压限流电阻，R80 为限流保护电阻。当压力在正常范围时，压
力开关闭合，单片机采集的电位为 0V 低电平；当压力保护断开时，单片机采集的电位为 5V
高电平。

该电路的常见故障发生在压力开关上
而非电路板上，当出现压力保护故障时，
可以测量高低压压力来判断是否真的保护
还是压力开关损坏，并进一步测量压力开
关触点是否断开损坏。

5. 温度检测电路

温度检测电路的作用是将温度变化变

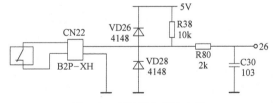

图 4-9　高压压力保护电路

为电压的变化，送入单片机以确定机组的运行状态。室外控制板上有 7 个温控电路，包括数
码压缩机排气温度检测电路、定频压缩机排气温度检测电路、冷凝器管温 T3 检测电路、室
外环境温度 T4 检测电路，同时还有 3 个预留的温度检测电路。

这里以定频压缩机排气温度检测电路为例，如图 4-10 所示。其中，CEl4 为极性滤波电容，用于防止电压变化过快导致压缩机频繁动作，R86 与热敏电阻（温度探头）形成分压电路，R69 为限流保护电阻。C26 为高频滤波抗干扰电容，防止压缩机误动作，VD18、VD17 为钳位二极管，VD17 为电容 CE14 提供放电通路。

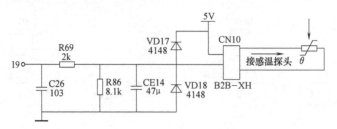

图 4-10　定频压缩机排气温度检测电路

1. 简述数码涡旋多联机四通阀的控制功能与检修。

2. 简述数码涡旋多联机电磁阀的控制功能与检修。

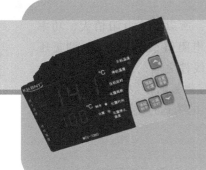

附录

习题练习参考答案

第一单元 电冰箱电气控制基础与技能

简答题

1. 简述电冰箱电动机常用的起动电路

答：根据起动方式的不同，单相电动机起动电路可以分为阻抗分相起动型电路、电容分相起动型电路、电容运转型电路、电容起动电容运转型电路。

家用电冰箱由于对电动机输出功率的要求不是很大，所以常采用阻抗分相起动型电路和电容分相起动型电路。

（1）阻抗分相起动型电路如图1所示。使用阻抗分相起动型电路的电动机输出功率较小，在40~150W之间，常用于小容量电冰箱。电动机在起动时起动转矩小，起动电流大。起动时，主绕组和起动绕组同时工作；起动后，当转速接近正常值（达到额定转速的80%）时，起动继电器断开，起动绕组停止工作，只有主绕组工作。

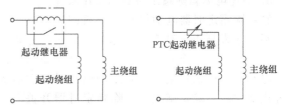

图1 阻抗分相起动型电路

（2）电容分相起动型电路如图2所示。使用电容分相起动型电路的电动机输出功率较大，在40~300W之间，常用于大容量家用电冰箱。电动机在起动时，起动转矩大，起动电流小。起动后，当转速接近正常值时，起动继电器断开，起动绕组停止工作，只有主绕组工作。

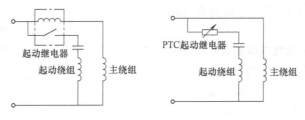

图2 电容分相起动型电路

2. 如何判断压缩机单相电动机的接线端子？

答：由于压缩机单相电动机起动绕组线圈线径细、匝数多，所以直流电阻值大、功率小；而运行绕组（工作绕组）线圈的线径粗、匝数少，故直流电阻值小、功率大。测量压缩机单相电动机绕组时，用万用表"R×1"档把压缩机 3 个接线柱之间的直流阻值各测一遍，测得两个接线柱之间直流阻值最大时，所对应的另一根没有测量的接线柱为公共端子，然后以公共接线柱为主，分别测另外两个接线柱，直流电阻值小的为运行端子，直流电阻值大的为起动端子。

目前，国外压缩机一般都有标志，通常以 M（或 R）代表运行（工作）端，S 代表起动端，C 代表公共端，如图 3 所示。国产压缩机不一定有标志。

正常情况下，压缩机单相电动机 3 个接线端子之间的直流电阻值关系为

总阻值 = 运行绕组阻值 + 起动绕组阻值；起动绕组阻值 > 运行绕组阻值

即

$$R_{SM} = R_{CS} + R_{CM} ; \quad R_{CS} > R_{CM}$$

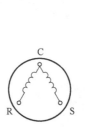
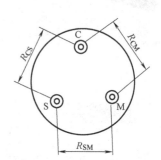

图 3　压缩机接线端子

例如，在室温下不同容量电机绕组的阻值范围大约为：$R_{CM} = 8 \sim 22\Omega$，$R_{CS} = 24 \sim 45\Omega$，可见起动绕组的阻值 R_{CS} 要大于运行绕组的阻值 R_{CM}（但也有例外的情况，如个别进口的压缩机，其起动绕组的阻值反而小于运行绕组的阻值，称之为特殊电动机）。

在接线操作时，首先必须判别压缩电动机的 3 个接线端，对普通压缩电动机，其判别的依据就是 $R_{CS} > R_{CM}$，且 $R_{SM} = R_{CS} + R_{CM}$。实际操作时，只要用万用表的欧姆"R×1"档，在两两接线柱之间测量电阻，共测 3 次，就可判别出 C、S、M 3 个端子。

3. 简述电冰箱除霜定时器的工作原理。

答：除霜定时器电动机与压缩机同时运转，当压缩机累计运行数小时（一般为 8h 左右）后，蒸发器上会结有一层冰霜。此时，除霜定时器开关将自动转换到除霜电路，同时切断除霜定时器电动机和压缩机电源，除霜加热器对蒸发器等器件进行除霜。除霜结束后，除霜定时器开关又自动转换到制冷电路，此时压缩机起动，又重新开始工作，除霜定时器又开始重新计时。所以，除霜定时器可使电冰箱平均每昼夜除霜一次，压缩机的工作系数一般为 40%~50%。

除霜定时器控制电路图如图 4 所示。除霜定时器的主要技术参数（电冰箱进行制冷的时间）为 8h ±5min，除霜结束到重新制冷时间约为 7min，功率小于 3W。

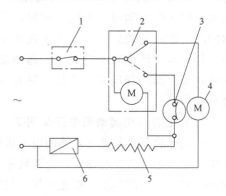

图 4　除霜定时器控制电路
1—温度控制器　2—除霜计时器　3—除霜温控器　4—压缩机电动机　5—除霜加热器
6—除霜超热保护器

4. 简述电冰箱除霜温度控制器的工作原理。

答：除霜温度控制器的两接线端子引出导线，将其串联于除霜电路中。双金属片是一种无电加热元件，其热量由贴压在蒸发器上部储液管壁面的热

敏器（感温侧壳体）直接接受的蒸发器表面的热量传导而来。除霜温度控制器的双金属片会随温度的变化而产生变形，使触点自动接通或断开。

除霜温度控制器的触点在8℃以上时呈断开状态，在-5℃以下呈接通状态。除霜温度控制器安装在蒸发器的侧面，在电冰箱正常制冷时，除霜温度控制器的触点始终导通。在除霜过程中，当蒸发器的温度升高到8℃±3℃或13℃±3℃（根据设计不同）时，双金属片变形，压迫传动销，使触点被顶开而切断除霜电源，使除霜加热器停止工作。当蒸发器表面温度达到-5℃左右时，双金属片复位松开传动销，使触点闭合，接通除霜加热器电路，迎接再次除霜过程。

5. 简述电冰箱微处理器控制电路的主要构成。

答：电冰箱微处理器控制电路由单片机和外围电路构成的硬件系统和软件程序组成。

电冰箱的微处理器控制系统的外围电路由各种分立电路组成，包括传感器与信号电路、驱动电路、辅助电路等。传感器与信号电路将采集的非电量信号或电量信号转换为电压信号，如温度传感器采集温度信号并转换为模拟电压信号、门开关采集门的机械动作并转换为开关电压信号、电源信号的电源相位检测信号、断电时间是否超过3min的检测信号。微处理器芯片对接收到的各种信号和用户的设定输入进行运算判断处理后，输出相应的控制信号，通过驱动电路使执行元件相应动作。单片机正常运行所需的辅助电路包括电源电路、晶振电路、EEPROM存储器、复位电路等，有的型号中将晶振电路、EEPROM存储器等集成在单片机内部。

第二单元　房间空调器电气控制基础与技能

简答题

1. 简述房间空调器压缩机单相电动机常用的起动电路。

房间空调器一般采用单相电容运转式异步电动机作为压缩机电动机。根据起动方式的不同，单相电动机起动电路可以分为电容运转型电路、电容起动电容运转型电路。

电容运转型电路示意图如图5所示。使用电容运转型电路的电动机输出功率在400~1100W之间，常用于小功率空调器。电动机在起动时，起动转矩小，电动机效率高且无需起动继电器，只需在起动绕组上串接运转电容就可达到电容分相的目的。工作时，运转电容、起动绕组和主绕组一样始终在通电情况下工作。

图5　电容运转型
电路示意图

电容起动电容运转型电路示意图如图6所示。使用电容起动电容运转型电路的电动机输出功率在100~1500W之间，常用于大容量电冰箱、电冰柜、空调器等。它的起动转矩大，起动电流小，电动机效率高。起动时，起动电容、运转电容都串入起动绕组，主绕组、起动绕组同时通电工作。一段时间后，起动继电器断开，起动电容不再与起动绕组串接，从而退出工作。运转电容仍与起动绕组串联，并与主绕组一起工作。

电容运行式电动机比电容起动式电动机更加优越，因为电容运行的电动机，相对转矩大、功率因数高，电动机效率也较高。使用压缩机单相电动机的空调机都采用电容运行，而电冰箱则因功率较小，多半只是电容起动。

2. 简述多速电动机的接法方式。

多速电动机一般用于房间空调器的室内、外风扇电动机检测上，也常用于换新风装置中。其绕组由运行绕组、起动绕组和中间绕组（调速绕组）构成，通常用中间绕组来改变运行绕组和起动绕组的有效匝数比，达到调速目的。图 7 是多速电动机的绕组示意图，它可分为 L 形、T 形两种接法。

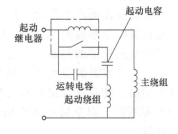

图 6　电容起动电容运转
型电路示意图

3. 简述房间空调微处理器控制电路板分立电路的组成。

空调器微处理器控制电路由很多分立电路组成，可归纳为以下 4 类：

（1）传感与信号转换电路　采集非电量信号或电量信号，并将其转换为模拟电压量，如温度传感器采集温度信号并转换为电压信号、过电流保护装置采集电流信号并转换为电压信号等。

（2）指令与接收显示电路　接收按键指令或遥控指令，并对这些指令进行处理，转换为电压信号后，给到单片机。

（3）放大驱动电路　单片机将接收到的外界各种信号进行运算处理后，再发出各种控制信号，直接驱动小功率执行元件

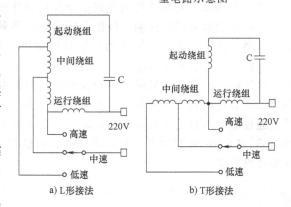

图 7　多速电动机的绕组示意图

（如发光二极管），或通过放大驱动电路（如压缩机驱动电路），去驱动继电器（如风机继电器）或执行元件（如蜂鸣器）。

（4）单片机工作辅助电路　如延时电路、过/欠电压保护电路等，这些电路保证单片机安全、有序和正常工作。

表 1 为某品牌电路板分立电路一览表。

表 1　某品牌电路板分立电路一览表

序号	分立电路名称	序号	分立电路名称
1	直流电源电路	11	室内环境温度控制电路
2	过零检测电路	12	室内换热器管温控制电路
3	遥控接收电路	13	存储电路
4	显示电路	14	反相驱动器驱动电路
5	室外风机、继电器驱动电路	15	开关电路
6	四通阀继电器驱动电路	16	室内风机驱动电路
7	电加热继电器驱动电路	17	风速检测电路
8	晶振电路	18	3min 延时电路
9	复位电路	19	压缩机过电流检测电路
10	室外换热器温度控制电路		

4. 简述房间空调交流变频调速原理。

交流电动机的转速公式为

$$n = \frac{60f}{p}(1-s)$$

式中，f 为电源频率；p 为磁极对数；n 为转速；s 为转差率。

从上式可知，在转差率不变的情况下，异步交流电动机的转速与电源的频率成正比，与磁极对数成反比。变频空调器有交流变频和直流变频两类。交流变频空调器的工作原理是把 50Hz 的交流电源先转换为直流电源，然后把它送到功率模块（逆变器）；功率模块同时受微处理器送来的控制信号控制，输出频率可变的交流电压，使压缩机电动机的转速做相应改变，从而调节制冷量或制热量。

5. 简述房间空调直流变频调速原理。

直流电动机的转速公式为

$$n = \frac{U}{C\Phi}$$

式中，n 为直流电动机转速；C 为电动机常数，它与电动机构造有关；U 为定子输入电压；Φ 为磁极磁通。

直流变频空调器同样是先将 50Hz 的交流电源转换为直流电源，并送至功率模块主电路。功率模块也同样受微处理器控制。与交流变频不同的是，功率模块所输出的是电压可变的直流电源，压缩机使用的是直流电动机。因此，直流变频空调器也可称为全直流变速空调器。

第三单元　小型冷库电气控制基础与技能

简答题

1. 简述压力控制器的作用。

压力控制器又称压力继电器或压力保护器，是一种由压力信号来控制的电开关，控制方式为双位式。在所设定的系统压力上、下限位发出通路或开路的电信号，即当压力超过（或低于）设定值时，压力控制器切断电路，使被控制系统停止工作，以起到保护和自动控制的作用。

2. 简述压力控制器的安装位置。

压力控制器通常都安装在压缩机旁或控制操作盘上，如图 8 所示。在压缩机排气阀上引一导气管，接到压力控制器的高压端（高压波纹管）；在压缩机吸气阀上引出一根导气管，接到压力控制器的低压端（低压波纹管）；或在吸气阀与蒸发器之间引一导气管接到压力控制器的低压端，如图 8 所示。

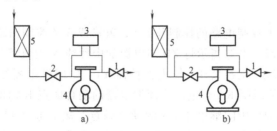

图 8　压力控制器的安装图

1—排气阀　2—吸气阀　3—压力控制器　4—压缩机　5—蒸发器

3. 简述油压差控制器的作用。

油压差控制又称油压控制，油压差是指制冷系统正常工作时，压缩机润滑油在油泵出油口的压力与曲轴箱压力之差。当压缩机的供油压力不足时，会导致压缩机不能正常润滑和冷却。所以，油压控制器必定是一个油压差控制器，用油压差控制器来实现油压保护。

油压控制器接受油泵排出压力和压缩机吸入压力两个压力信号的作用，并使这两个压力之间保持一定的差值范围。当压力差超出给定值范围时，控制器开关动作，自动切断压缩机电路，使压缩机保护性停机。

4. 简述油压差控制器的安装位置。

油压差控制器通常都安装在压缩机旁或控制操作盘上。如图9所示，在压缩机油泵排出口阀上引一导油管，接到压力控制器的高压端（高压波纹管）；在压缩机曲轴箱（或吸气阀）上引出一根导气管，接到压力控制器的低压端（低压波纹管）。

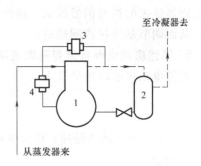

图 9　油压差控制器的安装图
1—压缩机　2—油分离器　3—高低压控制器　4—油压差控制器

5. 简述冷藏箱控制电路的起动运行过程。

冷藏箱控制电路如图10所示。

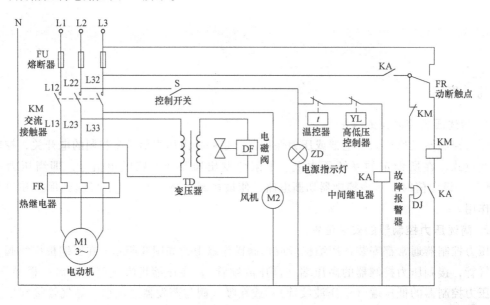

图 10　冷藏箱控制电路图

（1）控制电路　合上控制电路的控制开关S，就形成3条控制回路：

① 电流经过相线 L22、电源指示灯 ZD 与电源的中性线 N 构成回路，电源指示灯亮。

② 电流经过相线 L22、温控器 T、压力保护器 Y1、中间继电器线圈 KA 与中性线 N 构成回路，使中间继电器的线圈 KA 得电，中间继电器的动合触点 KA 闭合。

③ 电流经过相线 L32、中间继电器 KA 的动合触点、热继电器 FR 的动断触点、交流接触器 KM 的线圈与电源的中性线 N 构成回路，使交流接触器 KM 的线圈得电，交流接触器的辅助动断触点断开，故障报警电铃 DJ 不工作。

（2）主电路　由于交流接触器线圈得电，衔铁吸合，带动主触点闭合，三相电源经过热继电器加到电动机 M1，电动机运行驱动压缩机制冷。

L13、L23 两相 380V 电源经变压器 TD 变压到交流 220V，供给电磁阀 DF 的线圈，使电磁阀与压缩机同步运行打开，制冷系统保持畅通，向蒸发器正常供液。

L33 相电源经过风机电动机 M2 与电源的中性线 N 构成回路，使电动机 M2 得电运行。强制空气对流以帮助冷凝器散热。

6. 简述冷库电气控制安全保护措施。

冷库电气控制是通过电气控制电路实现的，一个完整的冷库电气控制电路除了要按工艺要求起动与停止压缩机、冷风机、氨泵、冷却水泵、除霜加热器等设备外，还要能实现温度、压力、液位等参数的控制与调节，并且必须具备短路保护、失压保护（零电压保护）、断相保护、设备过载保护等保护功能，同时还能反映制冷系统工作状况，进行事故报警，并指示故障原因。冷库电气控制安全保护措施见表 2。

表 2　冷库电气控制安全保护措施

安全保护名称	保护器件	保护原理
短路保护	断路器	短路保护是指当电动机或其他电器、电路发生短路事故时，电路本身具有迅速切断电源的保护能力。当电动机或其他电器、电路发生短路事故时，电力电流剧增很多倍，断路器迅速自动跳闸，使电路和电源隔离，达到保护目的
失压保护（零电压保护）	接触器起动按钮	失压保护（零电压保护）是指当电源突然断电，电动机或其他电器停车后，若电源突然恢复供电时，电动机或其他电器不会自行通电起动的保护能力。在制冷系统电气控制电路中，通常采用接触器常开触点与起动按钮并联构成互锁环节，达到失压保护的目的
断相与相序保护	断相与相序保护器	断相保护是指能在三相交流电动机的任一相工作电源缺少时，及时切断电动机的工作电源，可防止电动机因断相运行而导致绕组过热损坏的保护。相序保护是指被保护线路的电源输入相序错，立即切断电动机的工作电源，可防止电动机反相运行的保护
设备过载保护	电动机综合保护器或热继电器	过载保护是指当电动机或其他电器超载时，在一定时间内及时切断主电源电路的保护。目前，电动机综合保护器设置有断相、电流过载的保护功能

第四单元　户式中央空调电气控制基础与技能

1. 简述数码涡旋多联机四通阀的控制功能与检修。

（1）四通阀 ST1　改变制冷剂的流向，起到制冷/制热切换的作用。

（2）四通阀 ST2　制冷时起辅助作用，当能力需求降低≤12 时，四通阀关闭，减少换热面积，减少阻力损失。制热时，该四通阀掉电一直关闭。

室外冷凝器分为上、下两个相对独立的部分。制冷负荷比较小时，该阀关闭，只使用上部的冷凝器；制冷负荷大时，该阀打开，下部冷凝器也被启用。检修时，当所有室内机打开并调到全负荷制冷时，该阀一定自动打开，可以用手触摸到制冷剂的流动情况，否则该阀坏。当然，也可能出现泄漏的情况。这两种情况其实对空调器运行影响不大。

（3）四通阀 ST3　制热运行时室外环境温度过低时开启，使部分室内机过来的制冷剂不经过冷凝器直接回到压缩机中。初次上电开启 90s。制冷和待机状态关闭。ST3 换向由主机统一控制，只要有一个模块要关闭 ST3，则所有模块都关闭 ST3。

该四通阀如果泄漏，则影响制冷/制热效果。如果制热时卡死不能换向，则对制热的影响不大；如果制冷时卡死不能关闭，则制冷无效果。明白了控制机理，就可以通过测量压力，结合手触摸其制冷剂的流动状况进行判断。

2. 简述数码涡旋多联机电磁阀的控制功能与检修。

（1）电磁阀 SV1　模块并联时用，外机运行制冷状态则开，制热状态一般关，无需喷气增焓时开，停机则关。该阀损坏对制冷/制热影响不大。

（2）电磁阀 SV2　制冷时，如果环境温度过高，则电磁阀 SV2 会开启，少量的液体制冷剂可直接回流到吸气总管中，以冷却压缩机，防止排气温度过高。当压缩机频繁出现过热保护时，就要检查该阀是否打不开。如果该阀一直开启，则影响制冷/制热效果。

（3）电磁阀 SV3　制热时起作用，根据室内管温来决定是否开启。该阀故障会影响制热效果。

（4）电磁阀 SV5　除霜打开时减少冷媒流动阻力及循环时间，制热时起缩短除霜时间的作用。该阀若故障一直打开，则制冷基本不能实现，制热效果也变差。

（5）电磁阀 SV6　制冷刚开启时打开 10min 后，根据排气温度调节。当排气温度不小于90℃时，立即开启，强制制冷时也会开启。该阀故障时，排气温度不高则影响不大，若排气温度超过 90℃时，影响制冷效果，压缩机可能出现过热保护。

参 考 文 献

[1] 陈福祥. 制冷空调装置操作安装与维修 [M]. 北京：机械工业出版社，2007.

[2] 周大勇. 电冰箱结构原理与维修 [M]. 北京：机械工业出版社，2011.

[3] 胡国喜. 制冷设备维修技术基本功 [M]. 北京：人民邮电出版社，2010.

[4] 李敏. 冷库制冷工艺设计 [M]. 北京：机械工业出版社，2009.

[5] 张建一，李莉. 制冷空调装置节能原理与技术 [M]. 北京：机械工业出版社，2007.

[6] 姜周曙. 制冷空调自动化 [M]. 西安：西安电子科技大学出版社，2009.

参 考 文 献

[1] ....
[2] ....
[3] ....
[4] ....
[5] ....
[6] ....